FUNDAMENTOS DA BIOLOGIA

Ivonete Aparecida dos Santos
Narali Marques da Silva

EDITORA intersaberes

O selo DIALÓGICA da Editora InterSaberes faz referência às publicações que privilegiam uma linguagem na qual o autor dialoga com o leitor por meio de recursos textuais e visuais, o que torna o conteúdo muito mais dinâmico. São livros que criam um ambiente de interação com o leitor – seu universo cultural, social e de elaboração de conhecimentos –, possibilitando um real processo de interlocução para que a comunicação se efetive.

Conselho editorial
- Dr. Ivo José Both (presidente)
- Drª. Elena Godoy
- Dr. Neri dos Santos
- Dr. Ulf Gregor Baranow

Editora-chefe
- Lindsay Azambuja

Gerente editorial
- Ariadne Nunes Wenger

Assistente editorial
- Daniela Viroli Pereira Pinto

Preparação de originais
- Ana Maria Ziccardi

Edição de texto
- Natasha Saboredo
- Palavra do Editor

Capa
- Iná Trigo (*design*)
- Morphart Creation/Shutterstock (imagem)

Projeto gráfico
- Iná Trigo

Diagramação
- Rafael Ramos Zanellato

Iconografia
- Sandra Lopis da Silveira
- Regina Claudia Cruz Prestes

EDITORA intersaberes

Rua Clara Vendramin, 58 | Mossunguê
CEP 81200-170 | Curitiba | PR | Brasil
Fone: (41) 2106-4170
www.intersaberes.com
editora@editoraintersaberes.com.br

1ª edição, 2021.
Foi feito o depósito legal.
Informamos que é de inteira responsabilidade das autoras a emissão de conceitos.

Nenhuma parte desta publicação poderá ser reproduzida por qualquer meio ou forma sem a prévia autorização da Editora InterSaberes.
A violação dos direitos autorais é crime estabelecido na Lei n. 9.610/1998 e punido pelo art. 184 do Código Penal.

Dados Internacionais de Catalogação na Publicação (CIP)
(Câmara Brasileira do Livro, SP, Brasil)

Santos, Ivonete Aparecida dos
    Fundamentos da biologia/Ivonete Aparecida dos Santos, Narali Marques da Silva. Curitiba: InterSaberes, 2021. (Série Biologia em Foco)

Bibliografia.
ISBN 978-65-5517-824-1

1. Biologia 2. Biologia – Estudo e ensino 3. Evolução 4. Evolução (Biologia) I. Silva, Narali Marques da. II. Título. III. Série.

20-47822　　　　　　　　　　　　　　　　　　　CDD-576.8

Índices para catálogo sistemático:
1. Evolução: Biologia   576.8
Maria Alice Ferreira – Bibliotecária – CRB-8/7964

SUMÁRIO

5 Apresentação
8 Como aproveitar ao máximo este organismo

Capítulo 1
14 Surgimento e evolução dos seres vivos
16 1.1 Origens da ciência e da biologia
21 1.2 O método científico
23 1.3 Biologia: conceito e subdivisão
26 1.4 Características gerais dos seres vivos
30 1.5 Teorias sobre a origem do Universo
34 1.6 Principais teorias sobre a origem da vida na Terra
36 1.7 A evolução bioquímica da vida na Terra
40 1.8 Obtenção de energia pelos primeiros habitantes da Terra
44 1.9 A evolução e a diversidade dos grupos de seres vivos

Capítulo 2
53 Bases moleculares e metabolismo energético
54 2.1 Caracterização das biomoléculas
68 2.2 Duplicação, transcrição e tradução dos ácidos nucleicos
75 2.3 Metabolismo energético
79 2.4 Respiração celular
85 2.5 Fermentação
88 2.6 Fotossíntese

Capítulo 3
96 Noções de citologia
98   3.1 Diferenças entre células procarióticas e eucarióticas
105 3.2 Estrutura geral dos componentes celulares: membrana plasmática, citoplasma e núcleo
134 3.3 Características e fisiologia dos vírus
138 3.4 Técnicas de microscopia

Capítulo 4
155 Classificação biológica dos reinos e domínios
157 4.1 Conceitos e critérios de classificação dos seres vivos em reinos e domínios
167 4.2 As bases da classificação biológica de Carl von Linné
173 4.3 Coleções de espécies animais e vegetais

182 Considerações finais
184 Lista de siglas e fórmulas
186 Referências
196 Bibliografia comentada
199 Respostas
202 Sobre as autoras

APRESENTAÇÃO

Nesta obra, tratamos dos fundamentos que alicerçam a biologia, considerando que, quando se entende a base de funcionamento dos processos biológicos, torna-se mais fácil a compreensão de conteúdos e conceitos mais específicos. Em nossa abordagem, levamos em conta o fato de que, ao longo dos anos, deparamo-nos com muitos alunos afirmando que estudar biologia é desafiador.

Ao perceber que estudar biologia consiste, basicamente, em buscar entender os processos vitais, os quais fazem parte do cotidiano, o aluno descobre que essa área é realmente fantástica. Para esse estudante, é fundamental compreender que os seres vivos se distinguem daquilo que não é vivo por uma série de características – composição química, organização celular, excitabilidade (reação e movimento), metabolismo, reprodução e mutação –, as quais possibilitam perceber a complexidade de cada forma de vida e as relações que se estabelecem entre os mais diversos sistemas, como o geoquímico, o físico e o metabólico.

A evolução da espécie humana e o papel que desempenha no ambiente são objetos de estudo da biologia. Esse estudo é realizado por meio de níveis de organização, cujas áreas se relacionam umas com as outras de modo a permitir aprofundamentos. Dessa forma, a biologia é dividida em áreas de estudo para proporcionar um entendimento mais fiel da vida, dos processos a ela associados e da relação existente entre os diferentes organismos.

Neste livro, nosso objetivo é demonstrar que a curiosidade motiva novas descobertas científicas, pois os estudos não param. Testam-se hipóteses a todo momento e técnicas inovadoras surgem quase diariamente, pois o cenário científico é dinâmico. Afinal, ao longo do tempo, a ciência passou a ser construída e aprimorada pelo aprendizado do próprio homem, que busca incessantemente conhecimento e informações. A curiosidade é inerente ao ser humano e sempre o impulsionou para a realização de descobertas. Essa mesma curiosidade deve ser o elemento mais importante para o estudante de biologia.

Tendo em vista essas questões, nesta obra, pretendemos evidenciar a importância de toda forma de vida e demonstrar como todos os seres são codependentes e constituídos das mesmas substâncias. Para isso, dividimos os conteúdos em quatro capítulos.

No Capítulo 1, abordaremos a origem dos seres vivos e sua evolução, ressaltando que o processo evolutivo é contínuo e permanente. Trataremos também do elemento mais importante da ciência: o conhecimento. Para conhecer, utilizamos pesquisa científica e métodos, bem como a observação. No caso em questão, esclareceremos as inter-relações entre a origem da vida na Terra primitiva, a história geológica e a evolução dos seres vivos.

No Capítulo 2, evidenciaremos as características e funções dos carboidratos, dos lipídios, das proteínas e dos ácidos nucleicos e a forma como cada ser vivo obtém as biomoléculas necessárias para o funcionamento de seu corpo. Apresentaremos, ainda, o conjunto de reações químicas que ocorrem em um organismo para produzir energia para seu corpo, processo denominado *metabolismo energético*. Por fim, analisaremos a fotossíntese, a respiração e a fermentação, que são os processos de transformação de energia mais importantes dos seres vivos.

No Capítulo 3, descreveremos a constituição e a morfologia das células, comparando as células procariontes e eucariontes de modo a facilitar a compreensão da fisiologia de todos os seres vivos. Além disso, explicaremos todos os componentes formadores das células, pois consideramos que o reconhecimento das partes e de suas funções ajuda a pressupor como será o todo. Por exemplo, é possível desenvolver a capacidade de identificar as organelas que são próprias de células vegetais.

No Capítulo 4, apresentaremos os critérios de classificação de todos os seres vivos por meio de exemplos da classificação biológica binomial de Lineu. Com base nessa nomenclatura universal dos seres, um pesquisador pode identificar todas as espécies, o que é de grande relevância para as pesquisas científicas. Nesse capítulo, abordaremos a relação de parentesco evolutivo entre os organismos, evidenciada pela sistemática filogenética ou cladística, e esclareceremos os conceitos de *cladogênese* e *anagênese*, usados para explicar essa relação.

O estudante de biologia, de modo geral, apresenta um perfil interessado, observador e estudioso; por isso, os processos precisam fazer sentido para ele. Como autoras desta obra, desejamos que você, leitor, sinta-se ainda mais motivado em seus estudos, de forma a obter destaque em sua trajetória profissional.

COMO APROVEITAR AO MÁXIMO ESTE ORGANISMO

Empregamos nesta obra recursos que visam enriquecer seu aprendizado, facilitar a compreensão dos conteúdos e tornar a leitura mais dinâmica. Conheça a seguir cada uma dessas ferramentas e saiba como estão distribuídas no decorrer deste livro para bem aproveitá-las.

Estrutura da matéria

Logo na abertura do capítulo, informamos os temas de estudo e os objetivos de aprendizagem que serão nele abrangidos, fazendo considerações preliminares sobre as temáticas em foco.

⁶ Síntese proteica

Ao final de cada capítulo, relacionamos as principais informações nele abordadas a fim de que você avalie as conclusões a que chegou, confirmando-as ou redefinindo-as.

⁶ Prescrições

Para ampliar seu repertório, indicamos conteúdos de diferentes naturezas que ensejam a reflexão sobre os assuntos estudados e contribuem para seu processo de aprendizagem.

❛ **Vitaminas essenciais**

Algumas das informações centrais para a compreensão da obra aparecem nesta seção. Aproveite para refletir sobre os conteúdos apresentados.

❛ **Sinapse**

Apresentamos informações complementares a respeito do assunto que está sendo tratado.

Curiosidade

Nestes boxes, apresentamos informações complementares e interessantes relacionadas aos assuntos expostos no capítulo.

Fique atento!

Ao longo de nossa explanação, destacamos informações essenciais para a compreensão dos temas tratados nos capítulos.

Testagem

Apresentamos estas questões objetivas para que você verifique o grau de assimilação dos conceitos examinados, motivando-se a progredir em seus estudos.

Laboratório

Aqui apresentamos questões que aproximam conhecimentos teóricos e práticos a fim de que você analise criticamente determinado assunto.

Bibliografia comentada

Nesta seção, comentamos algumas obras de referência para o estudo dos temas examinados ao longo do livro.

> **BIBLIOGRAFIA COMENTADA**
>
> CAMPBELL, N. A. et al. **Biologia**. 8. ed. Porto Alegre: Artmed, 2010.
> Essa obra pode ser considerada a principal referência da área de biologia no mundo. Os capítulos foram organizados em torno de alguns conceitos-chave para fornecer um contexto para as informações de apoio. Com pesquisas atuais, a obra conta com muitas figuras e apresenta metodologias aplicadas a diversos estudos, principalmente a experimentos que utilizam técnicas de biologia molecular. Os diversos materiais de apoio são excelentes para preparar aulas. É válido ressaltar que 228 biólogos forneceram revisões detalhadas de um ou mais capítulos, ajudando a garantir a precisão científica do livro e sua eficácia pedagógica.
>
> DARWIN, C. **Entendendo Darwin**: a autobiografia de Charles Darwin. São Paulo: Planeta do Brasil, 2009.
> Publicado no bicentenário de seu nascimento e no sesquicentenário da edição original de *A origem das espécies*, esse livro celebra o melhor de Charles Darwin: sua impetuosidade e coragem intelectual; sua imensa paciência e dedicação à pesquisa; e seu cuidado metodológico. Trata-se de uma obra sobre o homem que transformou a biologia, dando-lhe um caráter explanatório e científico que a distanciou permanentemente da religião. A riqueza de informações desse relato transporta qualquer um para uma aventura real e encantadora do espírito de um verdadeiro pesquisador em uma época em que os recursos eram praticamente inexistentes.

CAPÍTULO 1

Narali Marques da Silva

SURGIMENTO E EVOLUÇÃO DOS SERES VIVOS,

De acordo com Marcelo Gleiser* (2009, p. 11), a curiosidade é a maior aliada da liberdade: "Querer decifrar os mistérios do mundo, não se dar por satisfeito com as explicações que todos, ou quase todos, aceitam passivamente, é o traço preponderante da personalidade daqueles que, ao longo dos milênios, transformaram a nossa visão de mundo".

Essa curiosidade tão característica de certas personalidades estimulou os primeiros filósofos a buscar explicações sobre tudo o que observavam ao seu redor. Assim, surgiram as diversas ciências que conhecemos atualmente. Entre elas está a biologia, uma área bastante abrangente, que estuda a origem e as características de todos os seres vivos, além de buscar compreender os mecanismos de sua interação com o meio em que vivem.

Neste capítulo, antes de nos debruçarmos especificamente sobre essa ciência encantadora, mostraremos, de forma sucinta, como o pensamento científico surgiu e se fundamentou, tendo em vista as ideias de alguns dos mais importantes pensadores, desde a Antiguidade Clássica até a contemporaneidade.
Em seguida, descreveremos algumas das principais teorias sobre o surgimento do Universo e da vida na Terra. Por fim, apresentaremos as características dos seres vivos e a forma de obtenção de energia dos primeiros seres da Terra primitiva.

---

* Marcelo Gleiser é um físico, astrônomo, professor, escritor e roteirista brasileiro que, atualmente, ocupa a cátedra Appleton Professor of Natural Philosophy no Dartmouth College. Em 2019, tornou-se o primeiro brasileiro a receber o Prêmio Templeton.

1.1 Origens da ciência e da biologia

A ciência surgiu há cerca de 2.500 anos, quando sábios deram um passo fundamental ao separar o estudo da natureza do misticismo, o que originou o **pensamento naturalista**. Esse pensamento desenvolveu-se entre os séculos VII e IV a.C., na Grécia Antiga, e tinha como objetivo explicar os fenômenos naturais com base em fatos e processos da própria natureza, e não como fenômenos sobrenaturais.

Os antigos filósofos gregos foram os primeiros a reconhecer o valor das explicações naturais para os fenômenos físicos, tendo como base a observação dos fatos e o pensamento racional. Segundo Amabis e Martho (2013, p. 20), "Tales de Mileto (624-548 a.C.) foi um dos fundadores desse tipo de filosofia da natureza, que ficou conhecida como ciência grega".

🧠 Sinapse

O filósofo grego Platão (427-347 a.C.), nascido em Atenas, discípulo de Sócrates e de Pitágoras, afirmava que a verdade era descoberta por meio do conhecimento inteligível e do argumento. Em outras palavras, ele acreditava que, se indivíduos inteligentes discutissem algo por algum tempo, a verdade apareceria.

Aristóteles (384-322 a.C.), nascido em Estagira, colônia de origem jônica encravada no reino da Macedônia, foi discípulo de Platão. Em 367 a.C., aos 17 anos, foi enviado para a Academia de Platão, em Atenas, na qual permaneceu por 20 anos, inicialmente como discípulo e depois como professor, até a morte de seu mestre em 347 a.C. Aristóteles tinha gosto pelos conhecimentos experimentais e pela natureza, embora não visse necessidade de experimentações. Ao mesmo tempo, obteve sucesso como metafísico. No que se refere à biologia,

> recusando a separação das ideias da natureza, como fazia Platão, Aristóteles apontou como tarefa para o investigador a de descobrir e classificar as formas do mundo material. Os últimos 12 anos da sua vida foram preenchidos com esta tarefa. Partindo de uma observação sistemática dos seres vivos, e não desdenhando estudar vermes ou insetos, registrou perto de 500 classes diferentes de animais, dos quais dissecou aproximadamente 50 tipos. Foi o primeiro que dividiu o mundo animal entre vertebrados e invertebrados; sabia que a baleia não era um peixe e que o morcego não era um pássaro, mas que ambos eram mamíferos. (Fontes, 2020)

Outra grande colaboração de Aristóteles foi no campo da física. De acordo com Fontes (2020), o filósofo ofereceu vasta e complexa construção teórica, constituída por um pensamento filosófico e fundamentada em elementos empíricos da vivência humana mais imediata, que garantiu a excelência como forma sistemática de conhecimento científico por quase 2 mil anos.

Mais tarde, a ascensão do Império Romano influenciou diversos naturalistas romanos a coletar e preservar as descobertas do passado, o que acabou contribuindo, mesmo que minimamente, para as reflexões sobre fenômenos naturais. Entretanto, no final do século IV a.C., o Império cedeu espaço à poderosa Igreja Católica, que modificou radicalmente as ideias dos antigos filósofos gregos sobre leis naturais, substituindo-as pela visão de um mundo sujeito à intervenção divina.

A retomada do pensamento naturalista ocorreu por volta do século XIV, com o movimento renascentista, que se iniciou na Itália e se intensificou com a tomada de Constantinopla*. Esse evento pôs fim a 1.100 anos de existência do Império Romano Bizantino, provocando o êxodo de estudiosos de Constantinopla para o oeste europeu.

Durante os séculos seguintes, o antigo conhecimento sobre a natureza foi restaurado e a disseminação de novas ideias ganhou impulso com a **prensa tipográfica**, forma de impressão inventada pelo alemão Johannes Gutenberg (1397-1468). O invento de Gutenberg, amplamente considerado como o mais importante do segundo milênio, deu início à revolução da imprensa e teve papel fundamental na Renascença, na Reforma Protestante e na Revolução Científica.

Os textos clássicos passaram a representar importante fonte de conhecimento, e suas especulações, muitas vezes, eram aceitas dogmaticamente, como se fossem verdades incontestáveis. No entanto, em pouco tempo, essas convicções começaram a ser questionadas pelos novos estudiosos da natureza, que romperam com os escritos clássicos e teológicos. Esse momento marcou o início da **ciência moderna**, que se consolidou no decorrer do século XVII. Um dos divulgadores e precursores das novas ideias foi o filósofo, estadista e cientista Francis Bacon (1561-1626), um dos primeiros a realizar experimentos. Bacon insistia na necessidade de obtenção de provas para as hipóteses formuladas, especialmente por meio de experimentações.

---

* Constantinopla foi fundada no ano 330 pelo Imperador Constantino. No mesmo local, já existia a cidade de Bizâncio, construída anos antes pelos gregos com o objetivo de garantir a dominância do Império Romano (Mota, 2020).

Galileu Galilei (1564-1642), outro grande pensador e inventor, combatia a física aristotélica, tão defendida pela Igreja cristã da época, e afirmava que era necessário submeter a testes as explicações dos fenômenos naturais, os quais deveriam ser examinados por meio da experimentação e da abordagem matemática. Galileu investigou muitas áreas da ciência e ficou famoso pela descoberta das quatro maiores luas de Júpiter (chamadas *luas galileanas*). Outro fato importante identificado com base em suas observações foi o reconhecimento do Sol como centro do sistema solar, ideia oposta aos ensinamentos da Igreja Católica. A proposta do teste de hipóteses, que garantiu um avanço no campo científico, já havia sido evidenciada por Francis Bacon, mas foi Galileu quem a expôs com clareza (Amabis; Martho, 2013).

Ainda no que se refere à observação dos fenômenos naturais e à busca por explicações por meio da experimentação, podemos citar a contribuição de Johannes Kepler (1571-1630). Fascinado desde criança pelo que via no céu, ainda estudante, Kepler desenvolveu uma reputação de matemático e astrólogo brilhante.

Em 1601, Kepler assumiu o posto de matemático imperial, tornando-se encarregado de concluir os estudos iniciados por seu mestre, Tycho Brahe (astrônomo de vanguarda da época), para prever os movimentos planetários. As leis de Kepler indicam que os planetas seguem órbitas elípticas, tendo o Sol como um dos dois focos da elipse.

💊 Vitaminas essenciais

No caso da biologia, é importante ressaltar a invenção e o aperfeiçoamento do **microscópio**, instrumento essencial para a evolução da ciência. Foi criado no final do século XVI por fabricantes holandeses de óculos. Embora não tenha sido o primeiro a utilizar um microscópio, o inglês Robert Hooke (1635-1703) foi o primeiro a descrever em uma publicação, de 1665, a composição de um microscópio com partes móveis, constituído por uma lente objetiva e outra angular. O livro, intitulado *Micrographia*, encantou a todos com os desenhos feitos pelo próprio Hooke, que expunham células de cortiça e inúmeros outros objetos, como a ponta afiada de uma agulha.

Também no século XVII, Jan Swammerdam (1637-1680), estudante de medicina precursor das pesquisas com microscópio, desafiou Aristóteles ao dissecar diversos insetos sob o microscópio.

No século XIX, em 1809, o naturalista francês Jean-Baptiste de Lamarck (1749-1829) foi responsável pelas primeiras teorias sobre a **evolução dos seres vivos**. Segundo ele, os organismos reagem às mudanças do ambiente, e as modificações resultantes dessas reações são transmitidas aos descendentes. Seu trabalho influenciou vários outros estudiosos, entre eles Charles Darwin (1809-1882), que, na terceira edição de *A origem das espécies*, afirmou que Lamarck havia contribuído para a divulgação do conceito de *evolução*.

O século XX foi marcado pelo desenvolvimento da **genética**. Os geneticistas estadunidenses James Watson (1928-) e Francis Crick (1916-2004) descobriram a estrutura da molécula de

DNA e, assim, deram início ao período de pesquisas voltadas para o sequenciamento do genoma de várias espécies, entre elas a humana. Dessa forma, a biologia molecular se desenvolveu e surgiram novas áreas da biologia, como a bioquímica e a biofísica.

Como é possível perceber, ao longo do tempo, a ciência foi construída e aprimorada pelo aprendizado do próprio homem, que busca, incessantemente, novas informações e mais conhecimento. Atualmente, a ciência tem como base dois fatores: a **evidência objetiva**, fundamentada na observação, em experimentos ou na combinação dos dois, e a **estruturação dos dados** por meio do estabelecimento de conexões significativas entre eles. O avanço da ciência se dá, principalmente, pela percepção das relações entre os fatos novos (Lopes; Rosso, 2013).

1.2 O método científico

A palavra *ciência* deriva do termo latim *scientia*, que significa "conhecimento", "saber". Tendo em vista a busca do ser humano por conhecimento, a ciência procurou, por meio da pesquisa, as informações e as explicações necessárias para satisfazer sua curiosidade. Os pesquisadores utilizam, predominantemente, dois tipos de pesquisa: a ciência da descoberta e a ciência fundamentada em hipóteses.

Campbell et al. (2010) afirmam que a **ciência da descoberta** visa descrever estruturas e processos naturais mediante um processo cuidadoso de observação e análise de dados (observações registradas). Os dados podem ser quantitativos ou qualitativos, ao passo que as conclusões são alcançadas por intermédio da indução, ou da argumentação indutiva, em que as generalizações são feitas com base em grande número de observações científicas.

A **ciência fundamentada em hipóteses** ocorre por meio de explicações experimentais para questões bem-formuladas. Quando observamos determinado acontecimento e temos um "palpite" acerca do motivo pelo qual ele ocorreu, estamos elaborando uma hipótese. Com base na observação controlada de fatos, procuramos entender se há relação entre eles e como ou por que determinados fenômenos ocorrem.

Para formular uma hipótese, o pesquisador precisa analisar, interpretar e reunir o maior número possível de informações disponíveis sobre o assunto estudado, pois, para ser válida, a hipótese tem de ser testável. As situações ou experimentos permitem confirmar ou refutar as deduções elaboradas com base em hipóteses. Se os resultados do experimento mostram que as deduções são incorretas, o pesquisador modifica sua hipótese inicial ou a substitui por outra. Caso as deduções se confirmem, a hipótese ganha credibilidade e passa a ser aceita. Dessa forma, podemos definir as seguintes etapas:

1. proposição de uma pergunta sobre determinado assunto;
2. formulação de hipótese;
3. levantamento de deduções com base na hipótese;
4. teste das deduções por meio de observações ou experimentos;
5. conclusões sobre a validade da hipótese.

Conhecendo-se essas características sobre a pesquisa científica, é possível buscar identificar as mais diversas formas de pesquisa fundamentadas em hipóteses, por meio de estudos de caso científicos e reais, a fim de desafiar seu poder de questionamento investigativo.

1.3 Biologia: conceito e subdivisão

A palavra *biologia* deriva de dois termos gregos: *bios*, que significa "vida", e *logos*, que significa "estudo", "conhecimento". O conceito surgiu, segundo Amabis e Martho (2013), após vários avanços do conhecimento, quando se concluiu que animais e vegetais compartilhavam características únicas que os distinguem dos minerais. Desde então, animais e plantas passaram a ser chamados de **seres vivos**, e o termo *biologia* passou a designar o ramo das ciências naturais. Mais adiante, apresentaremos as características que definem os seres vivos.

A biologia está presente em nossa vida cotidiana e pode ajudar a responder muitas questões que a afetam. Desde o início do século XXI, ela vem se tornando um campo de pesquisa reconhecido, que ocupa papel de destaque (e de independência) entre as ciências, visto que busca soluções para os grandes desafios da humanidade.

Como você deve imaginar, leitor, estudar a vida e todos os organismos vivos é uma atividade bastante complexa, que abrange a análise da origem, da evolução, da constituição, do funcionamento e das interações desses seres e dos diversos ambientes, além de outros aspectos relacionados à vida. Assim, o estudo da biologia está organizado em várias áreas. É válido ressaltar que essas áreas estão correlacionadas, o que permite aprofundamentos onde é necessário adotar níveis hierárquicos de organização para o estudo.

1.3.1 Áreas e subáreas da biologia

A biologia é uma área de enorme alcance. Por isso, "Dividir a Biologia em áreas de estudo é fundamental para a compreensão mais fiel da vida, de todos os processos a ela relacionados e da relação existente entre os diferentes organismos" (Araguaia, 2020).

Com base em Campbell et al. (2010), listamos, a seguir, as principais áreas da biologia e seus objetos de estudo. As inter-relações entre algumas de suas áreas e subáreas podem ser observadas no Quadro 1.1.

Áreas

- **Botânica**: é a parte da biologia responsável pelo estudo das plantas.
- **Ecologia**: integra todas as áreas da pesquisa biológica e auxilia na tomada de decisões ambientais.
- **Fisiologia**: estuda os processos e funções de um organismo.
- **Genética**: é o estudo científico da hereditariedade e da variação hereditária.
- **Zoologia**: engloba todos os aspectos da biologia animal, inclusive as relações entre animais e ambiente.

Subáreas

- **Taxonomia**: dedica-se à nomeação e à classificação das diversas formas de vida.
- **Microbiologia**: estuda os micro-organismos e suas atividades. Investiga a forma, a estrutura, a reprodução, a fisiologia e o metabolismo de seres microscópicos e busca fazer sua identificação.
- **Imunologia**: estuda as respostas do organismo que fornecem imunidade, ou seja, proteção contra doenças.
- **Sistemática**: classifica os organismos e determina suas relações evolutivas.
- **Filogenia**: investiga a história evolutiva das espécies ou dos grupos de espécies.
- **Paleontologia**: é o ramo da ciência que estuda plantas e animais que viveram há milhões de anos. Os vestígios desses animais e plantas, conhecidos como *fósseis*, ficaram preservados em rochas.
- **Citologia ou biologia celular**: consiste no estudo da estrutura celular.

Quadro 1.1 – Inter-relações entre as áreas e subáreas da biologia

Subárea	Áreas
Taxonomia	Botânica e zoologia
Microbiologia	Genética
Imunologia	Fisiologia
Sistemática	Botânica e zoologia
Filogenia	Botânica e zoologia
Paleontologia	Botânica e zoologia
Citologia	Genética e fisiologia

1.4 Características gerais dos seres vivos

O que, realmente, significa *vida*? O que significa estar vivo? O que define seres vivos e não vivos? A vida é um fenômeno? Podemos defini-la?

Afirmamos sempre que a Terra é povoada por organismos que vivem nos mais diversos ambientes: nas montanhas, nos desertos, nas florestas, no fundo dos oceanos e mares, entre outros. Esses organismos (bactérias, fungos, animais, plantas etc.) apresentam uma diversidade enorme quanto aos mais variados aspectos, como tamanho, forma, comportamento e duração do ciclo de vida.

Há diversos tipos de seres vivos: complexos e simples, unicelulares e pluricelulares, terrestres e aquáticos, dulcícolas* e marinhos etc. Cada um está muito bem adaptado ao seu ambiente e, apesar de todas as diferenças, todos os seres vivos são reconhecidos por determinadas propriedades comuns.

1.4.1 Propriedades e processos dos seres vivos

Os seres vivos distinguem-se do que não é vivo por uma série de propriedades: composição química, organização celular, excitabilidade (de reação e de movimento), metabolismo, reprodução e mutação. Independentemente do tipo de organização celular, esta é a característica mais influente para determinar se um ser é vivo: **ter célula**.

---

* Dulcícolas são organismos que vivem na água doce.

🧪 Vitaminas essenciais

As características básicas que definem um ser vivo são:

- célula;
- ciclo de vida (nascer, crescer, amadurecer, reproduzir e morrer);
- reação a estímulos;
- necessidade de algum tipo de energia para se nutrir;
- composição química.

Do ponto de vista químico, todos os seres são constituídos por átomos de diversos elementos químicos. Entretanto, a diferença entre a constituição de seres animados e inanimados está relacionada à estrutura, à organização e aos tipos de elementos químicos presentes em cada um. Nos seres vivos, predominam o carbono (C), o hidrogênio (H), o oxigênio (O), o nitrogênio (N), o fósforo (P) e o enxofre (S), além de outros elementos.

A vida na Terra surgiu mediante um longo processo evolutivo iniciado na formação do planeta. Essa constatação tem sido evidenciada pelas observações e experimentos realizados em química, geologia e física, os quais têm levado cientistas a propor algumas hipóteses conhecidas. Uma dessas hipóteses sugere que processos químicos e físicos na Terra primitiva, auxiliados pela seleção natural, poderiam produzir células simples por meio de quatro estágios (Campbell et al., 2010):

1. síntese abiótica (não viva) de pequenas moléculas, como aminoácidos e nucleotídeos;
2. união dessas pequenas moléculas em macromoléculas, incluindo proteínas e ácidos nucleicos;

3. organização das macromoléculas em protobiontes (gotas com membranas que mantinham a química interna diferente daquela do meio externo);
4. origem de moléculas que se autorreplicam.

Os elementos constituintes do Universo – hélio (He) e hidrogênio (H) – foram formados, em parte, durante a **nucleogênese**, antes do Big Bang, ou sintetizados no interior das estrelas (**nucleossíntese**). Acompanhando o processo de formação dos outros planetas e da Terra, originaram-se todos os demais elementos químicos que compõem tudo o que está presente em nosso planeta. Portanto, elementos não vivos são elementos ou compostos químicos com composição definida dentro de certos limites, cristalizados e formados por meio de processos geológicos inorgânicos, os quais dão origem aos minerais.

A matéria consiste em elementos químicos na forma pura e em combinações chamadas **compostos**. Os organismos são compostos de matéria que apresenta muitas formas diferentes, como as rochas, os metais, os gases e os seres humanos, o que demonstra a infinita possibilidade dessa variedade. A ordem dos átomos nas moléculas e as interações destas dentro da célula determinam as propriedades básicas evidentes nos diferentes níveis de organização biológica. Essas propriedades básicas de um ser vivo estão relacionadas a alguns processos, os quais indicaremos a seguir.

Organização

Bastante complexa, a organização compreende vários níveis. Em um primeiro nível, há as moléculas orgânicas, que, ao se agruparem, formam estruturas celulares e passam a compor um segundo nível, um pouco mais complexo.

Existem seres unicelulares e pluricelulares. Na maioria dos seres pluricelulares, as células se agrupam formando tecidos, que, por sua vez, se agrupam formando os órgãos. Em casos mais complexos, os organismos pluricelulares têm órgãos reunidos em sistemas.

Excitabilidade

É a capacidade das células de dar respostas rápidas a estímulos físicos ou químicos do ambiente.

Metabolismo

Responde pelo funcionamento do organismo, compreendendo o conjunto de atividades bioquímicas de cada ser vivo, o que envolve absorção e liberação de energia.

O metabolismo tem duas fases: anabolismo e catabolismo. As reações de síntese correspondem ao **metabolismo construtivo** ou **anabolismo**; já as reações de decomposição ou degradação correspondem ao **metabolismo energético** ou **catabolismo**.

Os seres vivos capazes de utilizar a energia luminosa ou a energia liberada por reações químicas, incorporando-as em compostos orgânicos, são denominados **autótrofos**. Por sua vez, os que dependem dos autótrofos para a obtenção de energia são conhecidos como **heterótrofos**.

Reprodução

A reprodução é fundamental para a perpetuação das espécies, assim como o conhecimento do ciclo reprodutivo dos seres vivos é essencial para desenvolver estratégias e medidas com a finalidade de evitar a extinção e, ainda, contribuir para a preservação das espécies.

A reprodução pode ser **sexuada** (união de uma célula reprodutora masculina com outra feminina) ou **assexuada**, quando a formação dos descendentes depende de um único indivíduo.

Mutação

A mutação leva à variabilidade genética. Trata-se de um fator responsável pela variabilidade dos seres vivos, pelo desenvolvimento de adaptação aos ambientes em que os organismos se encontram e, consequentemente, pela evolução das espécies. A evolução das espécies e de sua diversidade continua acontecendo ao longo do tempo, caracterizando e identificando as novas e variadas características advindas do processo evolutivo.

A base estrutural das moléculas orgânicas é composta por longas sequências de átomos de carbono interligados, aos quais estão unidos os átomos dos outros elementos componentes da molécula. Os principais tipos de moléculas orgânicas são as proteínas, os glicídios, os lipídios e os ácidos nucleicos.

1.5 Teorias sobre a origem do Universo

Nesta seção, apresentaremos algumas ideias precursoras sobre a origem da vida na Terra primitiva. Os cientistas já conseguiram, ao longo do tempo, relacionar momentos importantes da história geológica de nosso planeta à evolução dos seres vivos. Confira, a seguir, algumas teorias que fazem parte dessa história.

1.5.1 Teoria do Big Bang ou teoria da grande explosão

A ciência, em sua busca permanente por explicações sobre todos os fenômenos naturais, não poderia aceitar que a origem de tudo fosse de ordem miraculosa ou mágica. Diante disso, os primeiros questionamentos surgiram pela observação do céu, das estrelas, do Sol e de tudo o que nos rodeia.

Então, como surgiu o Universo? E os planetas e as galáxias?

Há cerca de 15 bilhões de anos, um ponto reunindo toda a matéria e a energia do Universo explodiu, em um evento único e original, denominado pelos físicos de *Big Bang* (ou *Grande Explosão*). Com a expansão e a criação contínua do espaço, foram surgindo as quatro forças fundamentais da natureza:

1. força eletromagnética;
2. força nuclear forte;
3. força nuclear fraca;
4. força da gravidade.

As forças nucleares forte e fraca só têm influência no interior do núcleo atômico, e a força gravitacional é a mais familiar para nós.

Nessa evolução primitiva, a temperatura e a densidade de energia foram decrescendo, criando condições para a formação da matéria por meio da nucleogênese (prótons, nêutrons e elétrons) e, em seguida, dos átomos dos elementos mais leves (H e He). As galáxias e as estrelas se formaram quando a temperatura decaiu para permitir que a matéria se agrupasse e formasse nuvens de gás.

As primeiras galáxias surgiram há, aproximadamente, 13 bilhões de anos. Entre elas está a Via Láctea, galáxia que contempla o sistema solar, o qual tem cerca de 4,6 bilhões de anos (Yazbek, 2020).

1.5.2 O sistema solar

O sistema solar é um conjunto de corpos composto por planetas, satélites, asteroides, cometas, poeiras e gás. No centro desse sistema está o Sol, uma estrela de média grandeza que concentra 99,8% de toda a massa do sistema. Os planetas giram ao seu redor em órbitas elípticas de pequena excentricidade.

A ordem dos planetas, de dentro para fora do sistema solar, é: Mercúrio, Vênus, Terra, Marte, Júpiter, Saturno, Urano e Netuno. Os quatro planetas internos, mais próximos ao Sol, são rochosos e menores em tamanho, ao passo que os quatro planetas externos são gigantes, têm satélites majoritariamente gasosos e com núcleos rochosos.

Figura 1.1 – Sistema solar

É importante ressaltar que, em classificações mais antigas, encontramos Plutão como um dos planetas do sistema solar. Entretanto, em 2006, Plutão deixou de ser considerado um planeta pela União Astronômica Internacional (UAI). Atualmente, existem debates referentes à sua reclassificação como planeta, mas isso ainda não foi confirmado, oficialmente, pela UAI. Assim, Plutão permanece classificado como planeta-anão.

A Terra é o terceiro planeta do sistema solar. Com uma atmosfera secundária, é constituída por nitrogênio, oxigênio e argônio. Sua temperatura superficial permite a presença de água no estado líquido e de vapor na atmosfera. Esse vapor é responsável pelo efeito estufa, que regula a temperatura e, assim, possibilita a existência da biosfera.

A principal característica da Terra é o conjunto de condições únicas e extraordinárias que favorecem a existência e a estabilidade de diversas formas de vida. Há registros de evidências de vida bacteriana em rochas com idade de 3,5 milhões de anos.

Segundo a geóloga Sonia Maria Barros de Oliveira, uma hipótese, conhecida como **teoria Gaia**, é a de que "'a Terra é um sistema que se autorregula a favor da vida'. [...] esse é [o] ponto [que] mais irrita os cientistas. 'Quando se fala a favor da vida, isso tem um sabor teleológico [*estudo das finalidades, propósitos*] que não faz parte da formação científica'" (De mito..., 2012, grifo do original).

> Analisando textos científicos consolidados dentro da comunidade científica, percebe-se a influência da teoria Gaia, por exemplo, na Ciência dos Sistemas da Terra (CST), que mostra como a Terra e os sistemas orgânicos coevoluíram. Nascida da Teoria Tectônica de Placas, que vai entender os funcionamentos

dos vulcões, terremotos e relevos, a CST enxerga a Terra como sistema integrado. "O clima como produto da inter-relação entre oceanos, atmosfera, biosfera e desses três com a litosfera", explicou Sonia. (De mito..., 2012)

Como é possível perceber, a Terra e os sistemas orgânicos coevoluíram, determinando eventos fundamentais na história da vida, que incluem a origem dos organismos unicelulares e multicelulares e a colonização de ambientes terrestres.

1.8 Principais teorias sobre a origem da vida na Terra

Consideramos que a Terra é uma joia rara, um planeta dinâmico e único no sistema solar, visto que tem dimensões adequadas e ambientes naturais privilegiados, apropriados à origem e à sobrevivência de todos os seres vivos (Suguio, 2008). Tendo em vista que a biologia estuda a origem dos seres vivos e sua constante evolução, é essencial compreendermos como a vida surgiu na Terra.

A evolução da espécie humana e o papel que desempenha no ambiente também são objetos de estudo da biologia. Atualmente, afirma-se que todos os seres vivos têm sua origem em organismos preexistentes e que sofreram modificações ao longo do tempo. Contudo, em tempos remotos, as opiniões eram muito diferentes. Por exemplo, até o século XVIII, um grupo de filósofos e de outros estudiosos admitia as ideias criacionistas e fixistas para explicar a origem das espécies.
Em outras palavras, eles acreditavam na criação divina e na imutabilidade das espécies.

Sinapse

Aristóteles defendia a teoria da **geração espontânea** (ou **abiogênese**). Ele acreditava que a vida, principalmente de criaturas inferiores, como a dos insetos, surgia por geração espontânea de matéria não vivente.

Para os **fixistas**, as espécies eram imutáveis, perpetuando-se ao longo das gerações – não havia o surgimento de novas espécies nem evolução.

O médico e botânico sueco Carl von Linné* (1707-1778), que propôs a nomenclatura binomial dos seres vivos e os princípios da taxonomia, foi adepto do fixismo. Outro defensor foi o naturalista francês Georges Cuvier (1769-1832), que considerou os fósseis de mamute e de alce gigante como formas de vida não aparentadas com nenhuma espécie vivente; além disso, julgava que teriam desaparecido em função de cataclismas geológicos – teoria do catastrofismo.

Os **criacionistas**, por sua vez, acreditavam que o mundo vivo contava com todas as espécies, criadas por um ser onipotente, e que elas permaneceriam para sempre. Eles afirmavam, conforme os preceitos bíblicos, que os seres vivos surgiram por obra divina, sem defeitos ou mudanças.

Essas ideias passaram a ser questionadas com o surgimento dos **evolucionistas**. De acordo com esses estudiosos, as espécies não seriam fixas nem imutáveis, mas se transformariam, gradualmente, ao longo do tempo, podendo dar origem a novas espécies.

---

* Em português, seu nome é traduzido como Carlos Lineu.

💊 Vitaminas essenciais

Georges-Louis Leclerc (1707-1788), Conde de Buffon, defendia que todos os animais eram resultado de transformações sucessivas de um ancestral comum. No século XIX, com os estudos de Jean-Baptiste Pierre Antoine de Monet (1744-1829), o Cavaleiro de Lamarck, e as pesquisas de Charles Darwin (1809-1882), surgiram as teorias evolucionistas sobre a origem das espécies. Lamarck refutou as ideias criacionistas e fixistas argumentando que todas as espécies descendem de espécies diferentes preexistentes. Ele também criou o termo *biologia* e publicou sua teoria da evolução no ano em que Darwin nasceu (1809).

Em meados do século XIX, Charles Darwin, após uma viagem de cinco anos e muitas observações, supôs que fatores como alimento e espaço controlam o tamanho de uma população. Nesse caso, sobreviveriam apenas os mais aptos, num processo de **seleção natural**.

1.7 A evolução bioquímica da vida na Terra

Segundo Reece et al. (2015, p. 520), na "década de 1920, o químico russo A. I. Oparin e o cientista britânico J. B. S. Haldane levantaram a hipótese [...] de que a atmosfera primitiva da Terra era um ambiente redutor (doador de elétrons), em que os compostos orgânicos poderiam ter se formado a partir de moléculas simples".

De acordo com Aleksandr Oparin (1894-1980), compostos orgânicos podem ter se formado a partir de moléculas simples em ambiente redutor da atmosfera primitiva (pequenas moléculas simples – aminoácidos e nucleotídeos), que se uniram e formaram macromoléculas, incluindo proteínas e ácidos nucleicos.

Oparin propôs também um **modelo de pré-célula**, constituído por um agregado de macromolécula. Por meio da mistura de soluções aquosas de gelatina e de goma-arábica, formam-se gotículas que se isolam do restante da solução. Essas gotículas surgem porque substâncias de elevado peso molecular, quando em solução, tendem a agrupar-se, originando os coacervados (Pezzi; Gowdak; Mattos, 2010).

John Burdon Sanderson Haldane (1892-1964) sugeriu que os oceanos primitivos eram uma solução de moléculas orgânicas, de onde surgiu a vida. Stanley Miller (1930-2007) e Harold Urey (1893-1981) testaram essa hipótese em 1953 – eles criaram, em laboratório, condições comparáveis às sugeridas por Oparin e Haldane.

Miller e Urey construíram um aparelho em que circulavam metano, amônia, vapor d'água e hidrogênio, no qual eram simuladas as condições do planeta há bilhões de anos. O aparelho funcionou por vários dias sob a ação de descargas elétricas. Ao analisarem a água, encontraram compostos orgânicos como aminoácidos, ácidos orgânicos e ureia, comprovando a possibilidade de formação de moléculas orgânicas na atmosfera primitiva sem a participação de um ser vivo. Entretanto, não ficou claro se a atmosfera primitiva continha metano e amônia suficientes para serem reduzidos. Além disso, novas evidências sugerem que a atmosfera primitiva era composta por nitrogênio e dióxido de carbono, além de se levantar a hipótese de que ela não era redutora nem oxidante (removedora de elétrons).

É possível que os primeiros compostos orgânicos fossem formados perto de vulcões submersos e de fontes termais no fundo dos oceanos, onde a água quente e os minerais jorravam do interior da Terra para dentro dos oceanos. Esses experimentos serviram para demonstrar que a síntese abiótica de moléculas orgânicas é possível.

1.7.1 Síntese abiótica de macromoléculas

De acordo com o professor de Bioquímica e Genética Molecular David Pollock (citado por Oliveira, 2017), as "moléculas são a base de toda a vida e queremos descobrir por que as moléculas evoluem do jeito que fazem".

Atualmente, defende-se a chamada **teoria da evolução molecular**, a qual propõe que a evolução da vida aconteceu após um longo processo de transformações químicas. Durante esse período, compostos inorgânicos presentes no ambiente primitivo reagiram entre si, originando as moléculas orgânicas, como aminoácidos, bases nitrogenadas e ácidos graxos. Ao longo do tempo, essas moléculas se recombinaram em condições específicas, formando moléculas complexas, como polipeptídeos, lipídios e ácidos nucleicos. Para complementar esse processo, as moléculas orgânicas ainda se readequaram e formaram estruturas capazes de controlar suas reações químicas e de se autoduplicar, originando, dessa forma, os primeiros esboços do metabolismo e da reprodução, características fundamentais dos seres vivos.

Sabemos que a presença de pequenas moléculas orgânicas (aminoácidos) não é suficiente para o surgimento da vida, pois cada célula apresenta muitas macromoléculas, enzimas, proteínas e ácidos nucleicos essenciais para a replicação. Portanto, se as unidades formadoras de ácidos nucleicos não faziam parte da "sopa orgânica" primitiva, moléculas autorreplicadoras e uma fonte de modelos semelhante ao metabolismo dessas unidades devem ter aparecido na mesma época.

Outra hipótese é a de que as condições necessárias foram alcançadas por **protobiontes** – moléculas produzidas abioticamente e rodeadas por estruturas semelhantes a uma membrana). Esses organismos exibiam algumas propriedades da vida, incluindo reprodução simples e metabolismo, e mantinham a química interna diferente do ambiente externo (Campbell et al., 2010).

Por meio de experimentos em laboratório, como os citados anteriormente, constatou-se que protobiontes podem ter se formado espontaneamente por meio de compostos orgânicos produzidos abioticamente, como acontece quando gotículas rodeadas por membranas (lipossomas) se formam ao se adicionarem lipídios e outras moléculas orgânicas à água. As moléculas hidrofóbicas (moléculas que repelem a água) se agrupam, formando uma parede dupla na superfície da gota. Esses lipossomos podem se reproduzir em virtude da permeabilidade de sua membrana (trocas osmóticas), quando colocados em soluções com diferentes concentrações de solutos, demonstrando a possibilidade de reações metabólicas simples, que podem ter ocorrido nos primórdios da evolução da vida.

1.8 Obtenção de energia pelos primeiros habitantes da Terra

Como já explicamos na Seção 1.4, os seres vivos apresentam uma característica fundamental para sua sobrevivência: o **metabolismo**, conjunto de reações químicas ordenadas e catalisadas por enzimas.

Uma das hipóteses sobre como esses seres primitivos se alimentavam é a **heterotrófica**, isto é, a hipótese de que esses organismos não eram capazes de produzir o próprio alimento. Como os oceanos primitivos provavelmente eram ricos em compostos orgânicos, eles serviram como alimento a esses heterótrofos. Eles produziam energia por meio de um processo anaeróbio, ou seja, eram organismos fermentadores, pois não havia oxigênio livre na natureza (Pezzi; Gowdak; Mattos, 2010).

Com o crescimento e a multiplicação dos heterótrofos e a diminuição do material orgânico, a seleção natural passou a favorecer organismos mutantes capazes de converter substâncias simples em outras mais complexas; assim, formaram-se os primeiros organismos **autótrofos quimiossintetizantes**. Acredita-se que outros organismos, que formavam pigmentos capazes de absorver energia luminosa, tinham uma vantagem seletiva ao usar essa energia para promover reações de síntese. A evolução desses pigmentos teria levado à formação da clorofila e ao surgimento de **autótrofos fotossintetizantes**, que, além de produzirem o próprio alimento, passaram a ser fonte de alimento para os heterótrofos.

💊 Vitaminas essenciais

Não é provável que os primeiros seres vivos tenham sido autótrofos (hipótese autótrofa), pois a fotossíntese e a quimiossíntese, processos para obtenção de energia, resultaram de muitos fenômenos intermediários que evoluíram bastante lentamente.

O aparecimento de organismos fotossintetizantes trouxe outra consequência importante: a formação de **gás oxigênio**, que começou a se acumular na atmosfera. Isso permitiu o aparecimento dos mutantes aeróbios, que tinham a capacidade de aproveitar melhor a energia armazenada nos compostos orgânicos. Assim, tornaram-se o grupo predominante de seres vivos.

💊 Vitaminas essenciais

Os primeiros organismos procariontes deram origem aos eucariontes, em uma etapa posterior do processo evolutivo. Há registros fósseis que sugerem o aparecimento de células nucleadas há cerca de 1,2 bilhão de anos.

As células que originaram os organismos evoluíram, e uma série de evidências apoia um modelo chamado **endossimbiose**. Essa teoria defende que as mitocôndrias e os cloroplastos são organelas derivadas da interação de um organismo procarionte ancestral aeróbio com um organismo eucarionte unicelular anaeróbio. Essa simbiose ocorreu quando a atmosfera apresentou uma concentração substancial de oxigênio (O^2) e organismos aeróbios com maior produção de energia surgiram na Terra.

O termo *endossimbiose* refere-se a uma célula que vive dentro de outra, chamada *célula hospedeira* (Campbell et al., 2010). A endocitose dos cloroplastos provavelmente ocorreu mais tarde do que a das mitocôndrias, o que explica a grande variedade de pigmentos e propriedades nos diversos cloroplastos de plantas e algas. As mitocôndrias são, provavelmente, derivadas de um tipo de bactéria fotossintetizante que perdeu sua capacidade de realizar fotossíntese e ficou apenas com sua cadeia respiratória.

Observe, na Figura 1.2, uma representação da teoria endossimbiótica, que foi popularizada por Lynn Margulis (1938-2011) em 1981, em seu livro *Symbiosis in Cell Evolution*.

Figura 1.2 – Teoria endossimbiótica

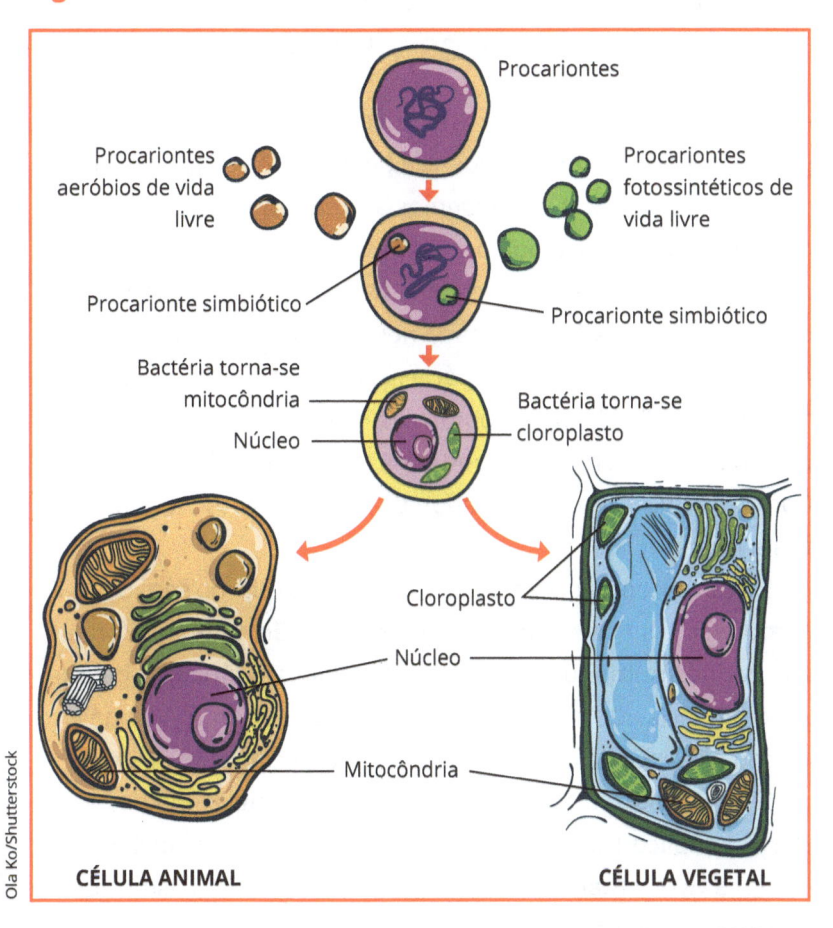

Fonte: Santos, 2007, p. 2.

A teoria da endossimbiose se propõe, portanto, a explicar a origem da mitocôndria e dos plastídios, assim como parte da evolução das células eucarióticas.

1.9 A evolução e a diversidade dos grupos de seres vivos

A palavra *evolução* remete a um processo que implica passar, gradualmente, por uma sequência de transformações. Em se tratando dos seres vivos, podemos afirmar que eles são fruto do processo evolutivo que ocorre desde o aparecimento da vida na Terra. Esse processo, que ainda está em desenvolvimento, explica a diversidade constatada nos organismos existentes.

A quantidade fabulosa de espécies existentes precisava ser identificada e analisada, pois, conforme alguns estudiosos, o número de seres vivos na natureza pode chegar próximo dos 30 milhões. Com uma quantidade tão grande de espécies, como organizar tanta informação?

Essa preocupação vem de longa data, visto que, no século IV a.C., Aristóteles já se preocupava com essa questão, tanto que organizou um dos primeiros sistemas de classificação biológica de que se tem notícia. Mais tarde, o naturalista sueco Carl von Linné lançou as bases da classificação e da nomenclatura biológicas.

Já em meados do século XIX, o naturalista inglês Charles Darwin publicou sua teoria evolucionista, segundo a qual todos os seres vivos atuais descendem dos primeiros organismos que surgiram na Terra, há bilhões de anos. Ainda de acordo com Darwin, a vida teria surgido uma única vez e se diversificado com o passar do tempo, ocasionando a enorme diversidade conhecida atualmente.

Essa diversidade, ou melhor, **biodiversidade**, é fruto da evolução e, para entendê-la, devemos compreender que a vida e o ambiente físico estão em constante processo de interação e de mudança. A biodiversidade contempla a variedade de espécies, incluindo a diversidade de genes em populações e em ecossistemas.

A variabilidade da diversidade na Terra ao longo do tempo pode ser observada considerando-se dois fenômenos: o surgimento e o desaparecimento de grupos de seres vivos. Esses fatos podem ser verificados por meio da análise de fósseis (vestígios de organismos que viveram em épocas remotas da Terra), a qual indica que o número de espécies novas aumentou muito em determinados períodos do tempo geológico, assim como os eventos de extinção em massa.

🔌 Sinapse

A extinção de espécies tem sido um processo natural e frequente ao longo da história da vida. Houve períodos em que grupos de organismos foram extintos (tempo geológico), provavelmente em razão de alterações climáticas drásticas ou queda de meteoros.

Durante o atual século, vivemos alterações climáticas bastante rigorosas, atribuídas, principalmente, à interferência humana nos ecossistemas. Em virtude desse processo, estamos perdendo inúmeras espécies novamente.

Nos últimos três séculos, cientistas vêm se empenhando em desenvolver um sistema eficiente para organizar e compreender a grande diversidade da vida. Esse sistema é a **classificação biológica** ou **taxonômica**, que distribui os seres vivos em agrupamentos denominados *táxons*, estabelecidos com base em semelhanças entre os organismos.

A **sistemática**, por sua vez, é o ramo da biologia que estuda a diversidade dos seres vivos, levando em consideração as relações de parentesco evolutivo entre as espécies. Muitas vezes, os termos *taxonomia* e *sistemática* são tratados como sinônimos; porém, para alguns estudiosos, a taxonomia se restringe apenas a dar nomes e descrever espécies ou outras categorias taxonômicas. A sistemática é um campo mais amplo, que inclui a taxonomia e o estudo das relações evolutivas (filogenia) entre os diferentes grupos de seres vivos.

Os sistemas de classificação que não se baseiam em relações de parentesco evolutivo entre grupos de seres vivos são considerados *artificiais*, enquanto os que procuram compreender essas relações são chamados *naturais*.

Como já observamos em seção anterior, o médico e botânico Linné propôs, em seu livro *Systema Naturae*, um sistema de classificação de seres vivos usado até hoje, com algumas modificações. Nesse sistema, a unidade básica é a **espécie** (grupo de seres vivos semelhantes a um tipo ideal e imutável). As espécies semelhantes são agrupadas em **gêneros**; os gêneros semelhantes são agrupados em uma mesma **família**; as famílias são agrupadas em **ordens**; as ordens são agrupadas em **classes**; as classes são agrupadas em **filos** (ou **divisões**); e os filos são agrupados em **reinos**.

Observe essa classificação na Figura 1.3.

Figura 1.3 – Diagrama hierárquico das categorias taxonômicas

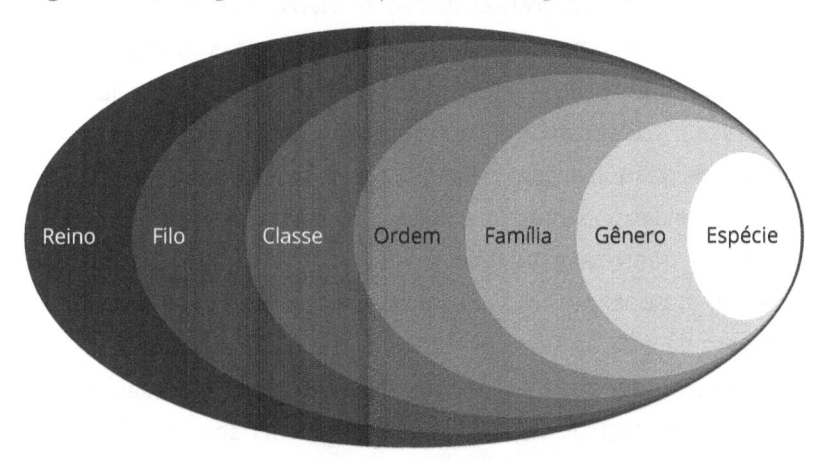

Reino | Filo | Classe | Ordem | Família | Gênero | Espécie

Atualmente, constam sete categorias obrigatórias, hierárquicas, no *Código Internacional de Nomenclatura Zoológica* (referente aos animais) e no *Código Internacional de Nomenclatura Botânica* – referente às plantas (Lopes; Rosso, 2013).

Síntese proteica

Neste capítulo, abordamos a característica marcante do ser humano de querer decifrar os mistérios do mundo. A curiosidade de certas personalidades estimulou os primeiros filósofos a encontrar explicações sobre tudo que observavam ao seu redor. Como demonstramos, essas inquietações trouxeram respostas sobre a evolução da espécie humana e sobre seu papel no ambiente, temas que se constituem em objetos de estudo da biologia.

Explicamos que o estudo da biologia é organizado em níveis hierárquicos para possibilitar o aprofundamento do estudo e do conhecimento referentes aos seres vivos, que se distinguem do que não é vivo por uma série de características: composição química, organização, excitabilidade, metabolismo, reprodução e mutação. Tudo isso pode ser efetivado por meio de diversas formas de pesquisa, com base em hipóteses fundamentadas em estudos de caso, científicos e reais, para desafiar seu poder de questionamento investigativo.

Além disso, expusemos algumas ideias precursoras sobre a origem da vida na Terra primitiva, como o fixismo, o criacionismo e a abiogênese. Atualmente, sabemos que a presença de pequenas moléculas orgânicas (aminoácidos) não é suficiente para o surgimento da vida, pois cada célula apresenta muitas macromoléculas, enzimas, proteínas e ácidos nucleicos essenciais para a replicação.

A teoria mais aceita atualmente é a de que todos os seres vivos têm sua origem em organismos preexistentes e que sofreram modificações ao longo do tempo. Em se tratando dos seres vivos, podemos afirmar que eles são fruto do processo evolutivo que ocorre desde o aparecimento da vida na Terra, o que explica a diversidade constatada nos organismos existentes.

Prescrições

Filmes

A GUERRA do fogo. Direção: Jean-Jacques Annaud. França/Canadá: Abril Vídeo, 1981. 100 min.
    O filme se passa há 80 mil anos, no Período Paleolítico Médio, e conta a história de dois grupos de hominídeos: um que

começou a dominar uma linguagem primitiva e outro que ainda vive de forma mais rudimentar. A obra aborda conceitos de paleontologia e de evolução.

O CURANDEIRO da selva. Direção: John McTiernan. EUA: HBO, 1992. 106 min.
O filme conta a história do cientista Robert Campbell, que trabalha para uma grande indústria farmacêutica. A obra aborda a biodiversidade das florestas tropicais e a pesquisa de princípios ativos para a fabricação de medicamentos.

Testagem

1. Sobre os organismos autótrofos e heterótrofos, assinale a alternativa correta:

    A) Somente organismos heterótrofos necessitam de substâncias químicas do ambiente.
    B) Somente organismos heterótrofos fazem respiração celular.
    C) Somente organismos heterótrofos têm mitocôndrias.
    D) Somente organismos autótrofos não necessitam de gás oxigênio.
    E) Os seres heterótrofos são capazes de utilizar a energia luminosa ou a energia liberada por reações químicas e incorporá-la a compostos orgânicos.

2. A história geológica revela que a formação da Terra, em diversos períodos até o surgimento da vida no planeta, contou com vários eventos, como:

    I) formação das primeiras células.
    II) formação de moléculas orgânicas complexas.

III) aparecimento de organismos capazes de produzir alimentos pela fotossíntese.

IV) surgimento dos primeiros organismos aeróbios.

Assinale a alternativa que indica a ordem de eventos mais aceita na atualidade:

- **A** I, II, IV, III.
- **B** II, III, IV, I.
- **C** I, IV, III, II.
- **D** II, I, III, IV.
- **E** I, II, III, IV.

3. A que se refere a afirmação a seguir?

    Há mais de 13 bilhões de anos, tudo se resumia a um pequeno ponto. Uma explosão deu início a um processo de expansão que continua até hoje.

    - **A** Formação da Terra.
    - **B** Origem do sistema solar.
    - **C** Teoria do Big Bang.
    - **D** Formação das nebulosas.
    - **E** Formação dos planetas.

4. De acordo com Oparin, as proteínas, ou protenoides, que se mantêm em pequenos grupos circundados por um substrato líquido formam:

    - **A** a reunião de íons minerais a partir de gases simples.
    - **B** complexos estruturais de lipídios.
    - **C** estruturas especiais denominadas *coacervados*.
    - **D** a reunião de espécies de seres vivos já definidos.
    - **E** a reunião de micro-organismos constituintes da flora de vida livre.

5. Qual ramo da biologia se dedica ao estudo, à classificação e à organização da biodiversidade?

- **A** Cladística.
- **B** Filogenia.
- **C** Sinapomorfia.
- **D** Sistemática.
- **E** Biodiversidade.

Laboratório

Análise biológica

1. O termo *epíteto* vem do grego e designa uma palavra que serve para caracterizar pessoas, divindades, seres vivos e objetos. Como ficou conhecida a classificação das espécies realizada por meio de epítetos, que é utilizada até hoje?
2. Por que é preferível utilizar uma nomenclatura binomial em vez de nomes comuns?

Experimentação

1. Faça um levantamento de todos os animais que convivem com sua família ou apenas escolha um animal de sua preferência. Em seguida, elabore um exercício utilizando a nomenclatura binomial e a tabela de classificação da hierarquia das categorias taxonômicas.
2. Tendo em vista o conteúdo apresentado na Seção 1.2, analise no artigo indicado a seguir como se desenvolve uma pesquisa científica fundamentada em hipóteses. Após a leitura, identifique a justificativa da pesquisa. Em seguida,

examine as tabelas e escreva o resultado. Por fim, compare sua análise com a dos autores e identifique as possíveis discordâncias.

ALENCAR, D. R. C. Calogênese e regeneração in vitro de brotos a partir de raiz, entrenó e disco foliar de *Brosimum gaudichaudii* Tréc. (Moraceae). **Revista Eletrônica de Biologia (REB)**, v. 8, n. 3, p. 288-298, 2015. Disponível em: <https://revistas.pucsp.br/index.php/reb/article/view/17717>. Acesso em: 17 set. 2020.

CAPÍTULO 2

Narali Marques da Silva

BASES MOLECULARES E METABOLISMO ENERGÉTICO,

Carboidratos, lipídios, proteínas e ácidos nucleicos são biomoléculas que compõem as células dos seres vivos. Essas substâncias são responsáveis pelo conjunto das reações químicas necessárias à produção de energia dos organismos, denominado *metabolismo energético*. A fotossíntese, a respiração e a fermentação são os processos mais importantes de transformação de energia dos seres vivos.

As informações hereditárias codificadas no DNA são reproduzidas em todas as células do corpo. Essas informações controlam o desenvolvimento das características anatômicas, fisiológicas, bioquímicas e, até mesmo, alguns traços comportamentais. Os genes especificam proteínas por meio da transcrição e da tradução.

Neste capítulo, apresentaremos as características e funções das biomoléculas, bem como demonstraremos como os seres vivos conseguem obtê-las para o funcionamento de seu corpo. Além disso, esclareceremos como o DNA é replicado.

2.1 Caracterização das biomoléculas

Os seres vivos são compostos por órgãos, que são constituídos por tecidos, que, por sua vez, são formados por um aglomerado de células. As células são compostas por moléculas denominadas **biomoléculas**, fundamentais para a constituição dos seres vivos.

As biomoléculas estão organizadas em quatro classes:

1. carboidratos;
2. lipídios;
3. proteínas;
4. ácidos nucleicos.

Na escala molecular, carboidratos, proteínas e ácidos nucleicos são considerados grandes; por isso, são chamados de **macromoléculas**. Por exemplo, uma proteína consiste em milhares de átomos que formam um colosso molecular de massa superior a 1.000.000 daltons*. Como explicam Reece et al. (2015), macromoléculas são polímeros** construídos por meio de monômeros, que são moléculas menores. Um polímero é uma longa molécula formada por subunidades, semelhantes ou idênticas, unidas por ligações covalentes.

> Os monômeros são conectados por uma reação onde duas moléculas são covalentemente ligadas por meio da liberação de uma molécula de água (reação de condensação, especificamente uma reação de desidratação (liberação de molécula de água). Essa reação pode ser repetida à medida que os monômeros vão sendo adicionados à cadeia, formando o polímero. O processo de desidratação é facilitado pelas enzimas (macromoléculas que aceleram as reações químicas nas células). Em seguida, os polímeros são clivados em monômeros por hidrólise, ou seja, quebrar utilizando água. (Campbell et al., 2010, p. 68-69)

Um bom exemplo desse processo é o que ocorre em nossa digestão: quando a matéria orgânica dos alimentos está na forma de polímeros muito grandes, ao entrar no trato digestivo, as enzimas atuam sobre os polímeros, acelerando o processo de

---

* Dalton: unidade de medida de massa de partículas atômicas, definida como 1/12 da massa de um átomo de carbono-12 em seu estado fundamental.

** A palavra *polímero* deriva dos termos gregos *polys*, que significa "muitas", e *meris*, que significa "partes".

hidrólise. Em seguida, os monômeros liberados são absorvidos pela corrente sanguínea e distribuídos pelas células do corpo.

2.1.1 Caracterização e funções dos carboidratos

Principal fonte de energia das células, os carboidratos são compostos por carbono, hidrogênio e oxigênio. De modo geral, podemos classificá-los em três categorias: monossacarídeos (açúcares simples); dissacarídeos (compostos por dois monossacarídeos unidos por uma reação de desidratação); e polissacarídeos (polímeros formados por várias unidades de açúcar).

Os **monossacarídeos** (do grego *monos*, "único", e *sacchar*, "açúcar") apresentam fórmulas moleculares múltiplas de carbono hidratado* (CH_2O). A glicose ($C_6H_{12}O_6$) é o monossacarídeo mais comum e importante na química dos seres vivos. Dependendo da localização do grupo carbonila (>C=O), o açúcar pode ser uma aldose (açúcar de aldeído) ou uma cetose (açúcar de cetona). A glicose é uma aldose, ao passo que a frutose, isômero estrutural da glicose, é uma cetose. Atente para o fato de que o nome da maioria dos açúcares tem o sufixo -*ose*. Além disso, o tamanho do esqueleto carbônico varia de três a sete carbonos de extensão.

A glicose, a frutose e outros açúcares com seis carbonos são chamados de *hexoses*; os açúcares com cinco carbonos são conhecidos como *pentoses*; e os com três carbonos são denominados *trioses*.

---

* A denominação *carbono hidratado* se deve à fórmula estrutural encontrada nos carboidratos, em que essas macromoléculas se apresentam, na maioria das vezes, sob a proporção 1:2:1 com relação aos átomos de carbono, hidrogênio e oxigênio, sugerindo que o carbono seja hidratado.

💊 Vitaminas essenciais

Os monossacarídeos são o principal combustível para o funcionamento celular e servem de matéria-prima para a síntese de pequenas moléculas orgânicas, como os aminoácidos e os ácidos graxos (Campbell et al., 2010).

Os **dissacarídeos** são compostos por dois monossacarídeos unidos por uma ligação glicosídica. Podemos citar como exemplo a maltose (formada por duas moléculas de glicose), usada na fermentação da cerveja. Outros dissacarídeos bem conhecidos são a sacarose (ou açúcar de mesa) e a lactose (açúcar do leite) (Campbell et al., 2010).

Os **polissacarídeos** são macromoléculas, ou seja, polímeros com centenas a milhares de monossacarídeos unidos por ligações glicosídicas. Eles podem ter duas funções: quando hidrolisados, podem servir como material de armazenamento (açúcar) para as células, como no caso do amido e do glicogênio; também podem servir como material de construção para as estruturas que protegem a célula ou o organismo, como a celulose e a quitina.

As plantas e os animais armazenam açúcares para uso na forma de polissacarídeos. O amido, por exemplo, é armazenado pelos vegetais e pelos animais – inclusive o homem –, que têm enzimas capazes de hidrolisá-lo. Essa hidrólise dá origem à glicose, que serve como combustível para as células. Essa glicose é transformada em glicogênio (polissacarídeo), que é armazenado, como reserva energética, nas células do fígado e dos músculos. Quando aumenta a demanda por açúcar, essa glicose é liberada (Campbell et al., 2010).

Os polissacarídeos estruturais são utilizados nos organismos para construir materiais resistentes, como a celulose, que compõe a parede celular vegetal. Na parede celular das plantas, moléculas de celulose paralelas são unidas e agrupadas em unidades denominadas *microfibras*, constituindo um material altamente resistente e de vital importância: a celulose, principal componente do papel e único componente do algodão.

Outro polissacarídeo estrutural bem importante é a quitina, carboidrato que constitui o exoesqueleto dos artrópodes. A quitina é similar à celulose, e os monômeros de glicose da quitina têm um apêndice com nitrogênio (Campbell et al., 2010).

2.1.2 Caracterização e funções dos lipídios

Os lipídios apresentam uma característica importante: misturam-se pouco ou não se misturam com a água, o que caracteriza um comportamento hidrofóbico. São a única classe de grandes moléculas biológicas que não incluem polímeros verdadeiros. "Além disso, apresentam uma variedade de formas e funções", entre as quais se destacam "gorduras, fosfolipídios e esteroides" (Campbell et al., 2010, p. 74).

As **gorduras** não são polímeros, mas grandes moléculas formadas pela associação de poucas e pequenas moléculas mediante reações de desidratação. Uma gordura é composta por dois tipos de pequenas moléculas: glicerol e ácidos graxos. O **glicerol** é um álcool com três átomos de carbono, cada um ligado a um grupo hidroxila. Já o **ácido graxo** contém um longo esqueleto carbônico, geralmente com 16 a 18 carbonos de extensão.

A gordura se separa da água porque as moléculas de água ligam-se umas às outras por pontes de hidrogênio, excluindo as gorduras. Isso pode ser observado nas embalagens de molho de salada, em que o óleo vegetal se separa da solução de vinagre. Outro exemplo de gordura facilmente identificada nos alimentos embalados é o triglicerídeo (triacilglicerol), composto por três ácidos graxos ligados a uma molécula de glicerol (Campbell et al., 2010).

Figura 2.1 – Ácidos graxos

Ácido palmítico

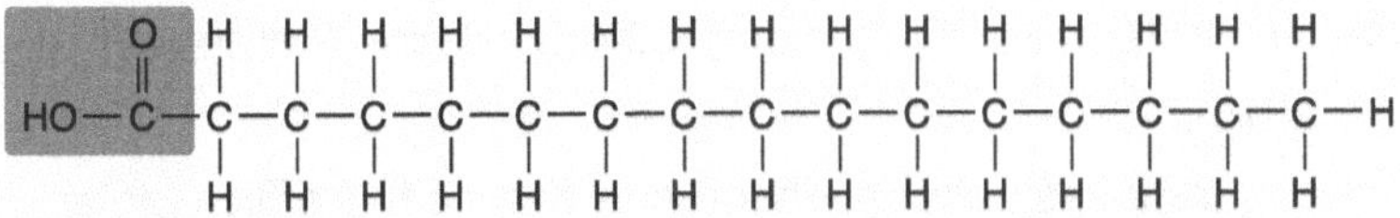

Ácido linoleico

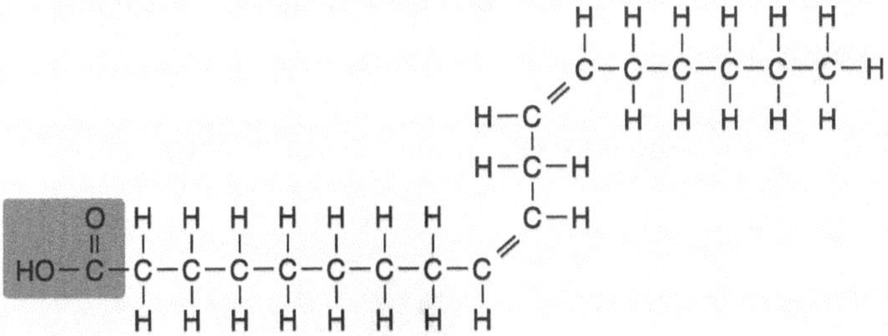

Síntese de triglicerídeos (gordura neutra)

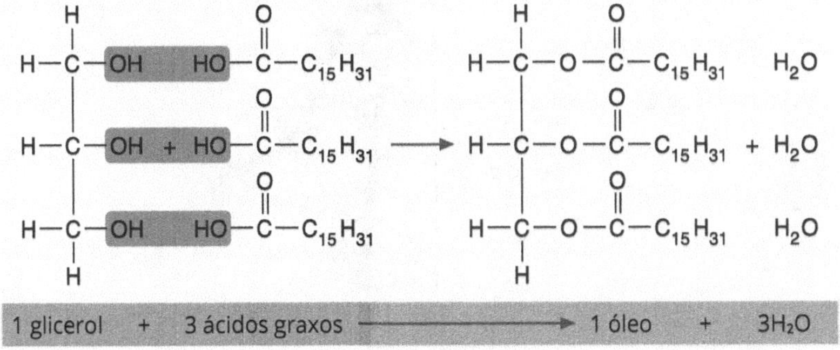

1 glicerol + 3 ácidos graxos ⟶ 1 óleo + 3H$_2$O

Os **fosfolipídios** formam as membranas celulares e são similares a uma molécula de gordura, mas com apenas duas moléculas de ácido graxo ligadas ao glicerol. As duas extremidades dos fosfolipídios apresentam comportamentos distintos com relação à água. As caudas hidrocarbonadas são hidrofóbicas e afastam-se da água. No entanto, o grupo fosfato e seus ligantes formam uma cabeça hidrofílica com afinidade pela água. Na superfície celular, as cabeças hidrofílicas das moléculas ficam na camada externa, em contato com as soluções aquosas no interior e no exterior da célula. As caudas hidrofóbicas apontam para o interior da bicamada, longe da água. A bicamada fosfolipídica forma uma barreira entre a célula e o ambiente externo (Campbell et al., 2010).

Na Figura 2.2, é possível observar a cabeça hidrofílica (polar) e duas caudas hidrofóbicas (apolares). A diversidade dos fosfolipídios se baseia nas diferenças dos dois ácidos graxos e nos grupos ligados à cabeça.

Figura 2.2 – Fosfolipídio com região hidrofílica e hidrofóbica

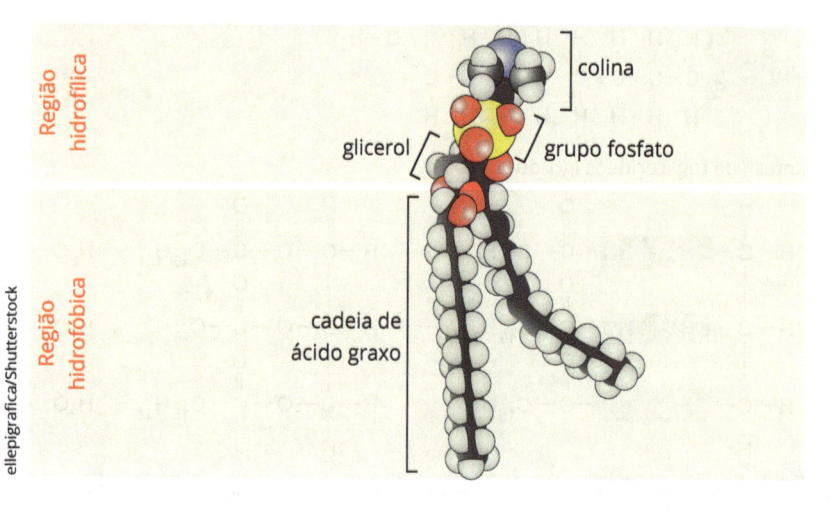

Os **esteroides** são lipídios que se caracterizam por um esqueleto carbônico composto por quatro anéis fusionados, os quais se diferenciam de acordo com os grupos químicos ligados ao conjunto de anéis.

O colesterol, um tipo de esteroide, é um componente comum das membranas celulares dos animais. Por meio dele, outros esteroides são sintetizados, como os hormônios sexuais dos vertebrados (Campbell et al., 2010).

Figura 2.3 – Molécula de esteroide

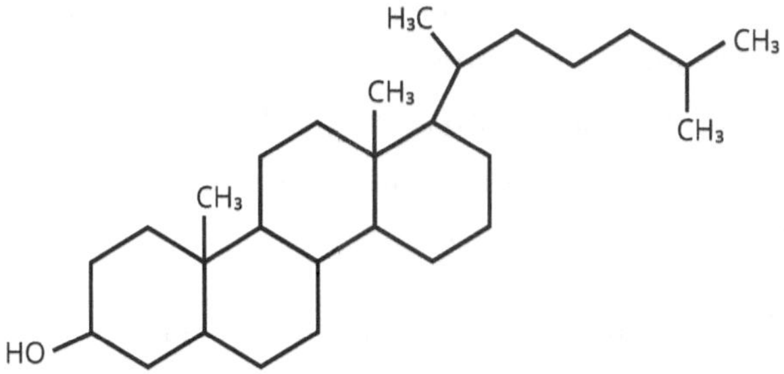

Fonte: Campbell et al., 2010, p. 77.

2.1.3 Caracterização e funções das proteínas

As proteínas são as moléculas com as estruturas mais sofisticadas, além de apresentarem diferentes funções. Elas são muito importantes para as funções dinâmicas de um organismo vivo, pois contribuem com mais de 50% da massa seca da maioria das células, sendo imprescindíveis em quase tudo o que os organismos fazem. Há proteínas de diversos tipos: as que aceleram reações químicas; as que têm funções estruturais, de armazenamento, de transporte, de comunicação e de movimento; as que atuam na defesa contra substâncias estranhas ao organismo etc. Podemos citar como exemplos de proteínas as enzimas, os anticorpos e alguns hormônios (Campbell et al., 2010).

🎙 Sinapse

As proteínas enzimáticas regulam o metabolismo, atuando como **catalisadores** que aceleram seletivamente as reações químicas sem serem consumidos pela reação.

As unidades constituintes das proteínas são os **aminoácidos**, moléculas orgânicas que contêm um grupo carboxila – ou carboxílico (COOH) – e um grupo amino (NH_2). Existem 20 tipos de aminoácidos que podem participar da formação das proteínas, como indicado no Quadro 2.1.

Quadro 2.1 – Os 20 aminoácidos das proteínas

Apolares	Glicina, alanina, valina, leucina e isoleucina. Metionina, fenilalanina, triptofano e prolina.
Polares	Serina, treonina, cisteína, tirosina, asparagina, glutamina.
Eletricamente carregados	Ácidos (ácido aspártico e ácido glutâmico). Básicos (lisina, arginina e histidina).

Os aminoácidos produzidos pelo organismo são chamados *naturais*, e os que são ingeridos são chamados *essenciais*. É válido salientar que não são todos os alimentos que contêm os aminoácidos essenciais ao organismo humano.

🔔 Sinapse

A famosa combinação brasileira do arroz com feijão propicia a ingestão de todos os aminoácidos essenciais ao organismo humano.

> Segundo Campbell et al. (2010, p. 80),
>
> Quando dois aminoácidos são posicionados de maneira que o grupo carboxila de um fique adjacente ao grupo amino do outro, eles se unem por meio de uma reação de desidratação, com liberação de uma molécula de água. Essa ligação é denominada ligação peptídica. Vários aminoácidos unidos por ligações peptídicas formam uma macromolécula denominada polipeptídeo.

A combinação de dois ou mais aminoácidos, portanto, forma um peptídeo. Essa união ocorre por meio de uma ligação covalente chamada de **ligação peptídica**. Ao ser repetido diversas vezes, esse processo gera um polipeptídeo, ou seja, um polímero de muitos aminoácidos conectados por ligações peptídicas. Polipeptídeos são, pois, polímeros de aminoácidos que constituem as proteínas (Campbell et al., 2010).

🔎 Vitaminas essenciais

Uma molécula de proteína pode ser formada por apenas uma cadeia polipeptídica, como no caso da albumina (clara de ovo), ou por mais de uma cadeia, como no caso da hemoglobina, composta por quatro cadeias polipeptídicas.

Estrutura e função das proteínas

Conforme explicam Campbell et al. (2010), a estrutura específica de uma proteína determina sua função. Em geral, a função da proteína depende de sua habilidade de reconhecer outra molécula e ligar-se a ela. Quando uma célula sintetiza um polipeptídeo, a cadeia costuma se dobrar espontaneamente, assumindo a estrutura funcional da proteína.

Para compreender o funcionamento de uma proteína, é importante conhecer sua estrutura. Apesar de sua grande variedade, as proteínas apresentam apenas três níveis de estrutura: primário, secundário e terciário. Há ainda um quarto nível que pode ser observado quando uma proteína é composta por duas ou mais cadeias polipeptídicas (Campbell et al., 2010).

A **estrutura primária** da proteína corresponde à sequência particular (linear) de aminoácidos, que é determinada geneticamente. A proteína apresenta repetidamente dobramentos e enrolamentos de cadeias polipeptídicas em padrões que determinam seu formato. Esses dobramentos conferem às proteínas formas tridimensionais que correspondem às **estruturas secundárias**.

Sobreposta ao padrão de estruturas secundárias está a **estrutura terciária**. A estrutura secundária envolve interações entre constituintes da cadeia principal, ao passo que a estrutura terciária apresenta o formato de um polipeptídeo, resultante das interações entre as cadeias laterais (grupo R) de diversos aminoácidos.

A **estrutura quaternária** é a estrutura final da proteína, resultante da agregação das subunidades polipeptídicas (Campbell et al., 2010).

A função de cada proteína está associada à sua forma, que é determinada pela estrutura primária, ou seja, pela alteração na sequência dos aminoácidos. Alterações, mesmo que sutis, na estrutura primária, ocasionadas por mutações do material genético (mutação gênica), podem provocar alterações na forma e na função da proteína. Um bom exemplo disso é a anemia falciforme ou siclemia, doença sanguínea hereditária causada pela substituição (na mesma posição) do ácido glutâmico pela valina na molécula de hemoglobina. As moléculas portadoras dessa hemoglobina anormal apresentam a forma de foice. Essa alteração pode causar a morte do indivíduo, pois essas moléculas transportam menos oxigênio do que o normal e são mais frágeis, podendo romper-se com facilidade (Campbell et al., 2010).

Em outras ocasiões, fatores como aumento de temperatura podem causar a desnaturação da proteína, que se torna inativa. Um exemplo prático dessa situação é a albumina contida na clara do ovo, que, quando aquecida, sofre desnaturação, endurecendo a clara. Nesse caso, ao sofrer o resfriamento, a clara não volta ao normal.

❦ Vitaminas essenciais

As proteínas podem ser classificadas em simples ou conjugadas. As simples são formadas por aminoácidos, e as conjugadas, por aminoácidos e grupos prostéticos.

As proteínas conjugadas podem ser divididas em:

- **cromoproteínas**: o grupo prostético confere cor à proteína, como no caso da hemoglobina.
- **glicoproteínas**: o grupo prostético é um glicídio. São exemplos a imunoglobulina, secreções presentes nos tecidos mucosos e hormônios como o FSH e o LH.
- **lipoproteínas**: o grupo prostético é um lipídio – por exemplo, o HDL e o LDL.
- **nucleoproteínas**: o grupo prostético é um ácido nucleico – por exemplo, a cromatina.

2.1.4 Características e funções dos ácidos nucleicos

Os ácidos nucleicos armazenam e transmitem a informação hereditária, como uma espécie de sistema de computadores dentro das células. Existem dois tipos de ácidos nucleicos, os quais controlam, de forma integrada, a síntese de proteínas: o **ácido desoxirribonucleico (DNA)** e o **ácido ribonucleico (RNA)**. Cada proteína sintetizada terá sua sequência de aminoácidos arquivada no DNA, que fica no núcleo da célula, embora a síntese de proteínas ocorra nos ribossomos – organelas do citoplasma (Campbell et al., 2010).

Ácidos nucleicos são macromoléculas que existem como polímeros e são constituídos por polinucleotídeos. Cada polinucleotídeo é composto por muitos monômeros, chamados de *nucleotídeos*. Um nucleotídeo é constituído por três partes:

1. uma base nitrogenada;
2. um açúcar de cinco carbonos (pentoses) – desoxirribose no DNA e ribose no RNA;
3. um grupo fosfato.

A porção dessa unidade sem o grupo fosfato é chamada de *nucleosídeo* (Campbell et al., 2010).

💊 Vitaminas essenciais

As bases nitrogenadas podem ser:

- púricas: adenina (A) e guanina (G);
- pirimídicas: timina (T), citosina (C) e uracila (U).

A adenina, a guanina e a citosina são comuns em moléculas de DNA e de RNA, a timina só ocorre no DNA, e a base uracila só ocorre no RNA.

O DNA é o material genético que os organismos herdam dos pais. Cada cromossomo contém uma longa molécula de DNA, com centenas de genes. Quando uma célula se reproduz por divisão, suas moléculas de DNA são copiadas e transmitidas de uma geração de células para outra.

🔌 Sinapse

O DNA é uma molécula longa e fina que pode atingir alguns centímetros de comprimento. É constituída por dois filamentos paralelos muito próximos, que se enrolam helicoidalmente no espaço, lembrando uma espiral. Por isso, costuma-se dizer que o DNA tem o aspecto de uma dupla hélice. Já a molécula de RNA apresenta-se, geralmente, como um filamento simples.

Figura 2.4 – Diferenças entre DNA e RNA

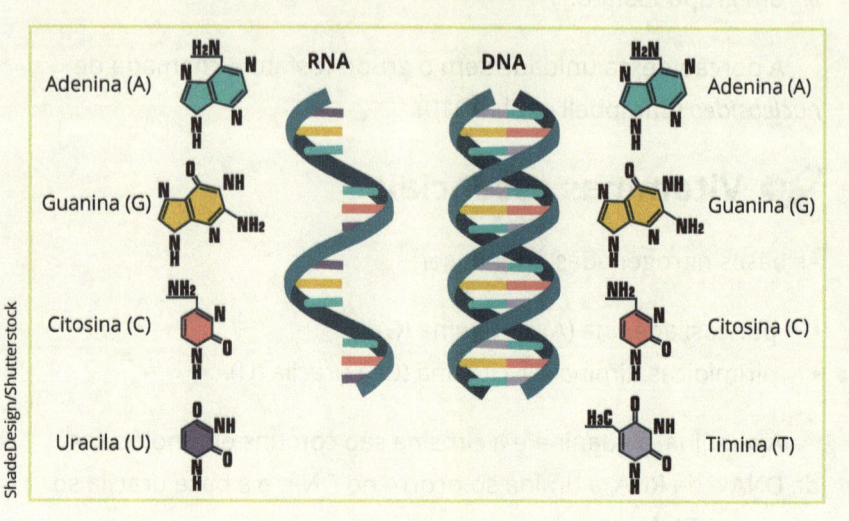

2.2 Duplicação, transcrição e tradução dos ácidos nucleicos

A molécula de DNA é constituída por duas cadeias de polinucleotídeos, unidas por ligações de hidrogênio entre suas bases nitrogenadas. Quando duas cadeias de uma molécula se separam, cada uma delas orienta a formação de uma cadeia complementar. Nesse modo de duplicação, conhecido como **duplicação semiconservativa do DNA**, cada molécula resultante conserva uma cadeia nova, complementar àquela que serviu de molde, determinando a ordem em que os nucleotídeos devem se encaixar sobre essa nova cadeia.

Nesse processo, as enzimas helicases catalisam a quebra das ligações de hidrogênio, promovendo a separação entre as cadeias e as polimerases do DNA, que orientam o emparelhamento de nucleotídeos livres à cadeia-molde, formando uma nova cadeia, complementar à antiga. Ao final do processo, formam-se duas moléculas idênticas, constituídas por uma cadeia antiga e uma nova (Amabis; Martho, 2013).

O DNA transcreve suas informações para moléculas de RNA, que podem sair do núcleo e atuar em processos metabólicos citoplasmáticos – basicamente, na síntese de proteínas.

A transcrição tem início com a separação das cadeias de DNA, comandada pela ação da enzima polimerase do RNA, que, em seguida, orienta o emparelhamento de ribonucleotídeos livres em uma das cadeias, a qual serve de molde para a síntese de RNA. A outra cadeia permanece inativa. A mensagem codificada no DNA é rigorosamente transcrita para o RNA. Esse processo é chamado de **transcrição gênica** (Amabis; Martho, 2013).

A função primordial das moléculas de RNA transcritas do DNA é participar da síntese de proteínas, que define a estrutura e o funcionamento de todo ser vivo. Os atores principais desse processo são os três tipos de RNA: mensageiro (RNAm), transportador (RNAt) e ribossômico (RNAr) (Amabis; Martho, 2013).

O **RNAm** é o portador da instrução para a estrutura primária de uma proteína. A sequência de nucleotídeos do RNAm contém informações para o número e a sequência de aminoácidos de uma cadeia polipeptídica.

As moléculas de **RNAt** são capazes de reconhecer e interagir tanto com aminoácidos quanto com o RNAm. Elas se dobram sobre si mesmas, adquirindo uma forma típica que lembra a letra L. Há dezenas de tipos de RNAt capazes de se ligar, especificamente, aos 20 tipos de aminoácidos que constituem as proteínas.

💊 Vitaminas essenciais

As moléculas de RNAt têm a função de capturar aminoácidos livres na célula e ordená-los sobre moléculas de RNAm, de acordo com sua sequência de códons. Esse processo ocorre em uma estrutura celular altamente especializada, o ribossomo, que promove o acoplamento do RNAm e dos RNAt na síntese de proteínas (Amabis; Martho, 2013).

A síntese de uma cadeia polipeptídica consiste na união de aminoácidos com a sequência de códons do RNAm. Como é determinada pela sequência de bases do DNA, transcrita para o RNAm, a síntese de proteínas representa a tradução da informação genética. Participam desse processo um ribossomo, o RNAm, vários RNAt, aminoácidos e diversas enzimas. O ribossomo encaixa-se em uma das extremidades do RNAm e o percorre em direção à outra extremidade. À medida que o deslocamento ocorre, os RNAt vão encaixando os aminoácidos na sequência definida pela ordem dos códons do RNAm. Dessa forma, a informação codificada pela sequência de bases do RNAm vai sendo traduzida na sequência de aminoácidos da proteína, isto é, em sua estrutura primária (Amabis; Martho, 2013).

Extração de DNA de morango

Os morangos que consumimos são plantas da espécie *Fragaria ananassa*. Eles se reproduzem por meio do estolão, um ramo que cresce paralelo ao solo, gerando brotos de novas plantas.

Além disso, os morangos contêm muito DNA, são octaploides (têm oito conjuntos de cromossomos), são fáceis de manipular e têm odor muito agradável.

A seguir, sugerimos uma atividade que pode ser desenvolvida por você, leitor, ou aplicada a grupos de alunos sob sua orientação.

Material

- Cerca de 5 morangos grandes e maduros
- Um almofariz com pistilo (ou saco plástico bem fechado)
- Uma peneira
- Uma colher de chá de detergente
- Etanol (95°) resfriado
- Uma pitada de sal grosso
- Um bastão de vidro ou palito de madeira
- Um filtro de papel
- Um béquer
- Um balão de fundo chato, uma proveta graduada ou outro recipiente transparente que possa acomodar o filtro
- Um tubo de ensaio

Procedimento

1. Coloque os morangos, lavados e sem as sépalas, no almofariz. Amasse-os bem. Acrescente a colher de chá de detergente e a pitada de sal grosso. Misture bem.

Ingrid Skåre

2. Passe a mistura pela peneira e, na sequência, pelo filtro de papel, o qual deve estar posicionado no recipiente transparente escolhido. Em seguida, transfira o conteúdo para o tubo de ensaio.

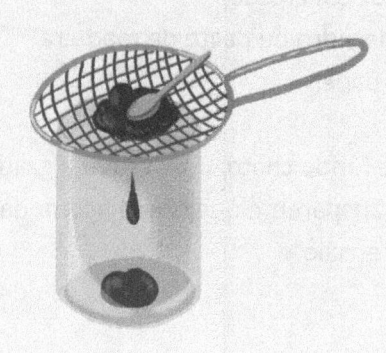

Ingrid Skåre

3. Adicione ao conteúdo filtrado o etanol resfriado (o dobro do conteúdo filtrado).

4. Mexa cuidadosamente a solução com o bastão de vidro ou palito de madeira.

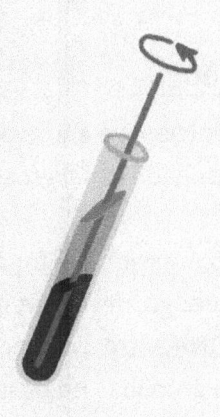

5. Mergulhe o palito dentro do tubo até o local em que a camada de álcool faz contato com a camada de extrato. Mantenha o tubo ao nível dos olhos para ver o que está acontecendo.

Ingrid Skåre

Resultados e discussão

Durante o experimento, observe e anote o que acontece quando cada um dos itens é adicionado (o sal grosso, o detergente, o etanol etc.).

O resultado esperado é: assim que for acrescentado o etanol gelado no extrato de morango, deve haver a formação de fitas brancas muito finas de DNA entre a camada do extrato e a do álcool. Essas fitas ficarão grudadas no bastão ou palito. O etanol deve ser mantido o mais gelado possível, pois isso torna o DNA menos solúvel.

Ao adicionarmos o detergente, ele dissolve a bicamada lipídica que compõe a membrana plasmática e as membranas das organelas.

O sal grosso ajuda a manter as proteínas dissolvidas no líquido extraído, impedindo que elas precipitem com o DNA.

O DNA não é solúvel em etanol; caso fosse, ele se dispersaria e não poderia ser observado. Como é insolúvel, as moléculas do DNA se agrupam, tornando-se visíveis.

2.3 Metabolismo energético

O metabolismo energético é o conjunto das reações químicas que têm como objetivo produzir a energia necessária para o corpo de determinado organismo funcionar de maneira adequada e de acordo com o ambiente onde estiver. As reações químicas acontecem no nível celular.

As algas, por exemplo, utilizam energia luminosa e gás carbônico para sintetizar glicose (açúcar) e liberar gás oxigênio. Os animais (seres heterótrofos), por sua vez, utilizam essa glicose e as demais moléculas que compõem a estrutura das algas como fonte de energia.

Trifosfato de adenosina (ATP): a moeda energética

Você já se perguntou como as células conseguem captar a energia proveniente do alimento, armazená-la e disponibilizá-la prontamente para os processos metabólicos?

A resposta é a seguinte: a célula consegue transferir a energia liberada na quebra do alimento para moléculas armazenadoras, capazes de circular livremente pela célula e fornecer, com eficiência, energia aos processos que dela necessitam. O responsável por essa função é o **trifosfato de adenosina** (ou adenosina trifosfato), ou **ATP**.

A molécula de ATP resulta da união química de três componentes: (1) uma base nitrogenada – a adenina; (2) um glicídio de cinco carbonos – a ribose; e (3) três grupamentos fosfato.

A dupla molecular formada por uma base nitrogenada e um glicídio é chamada de **nucleosídeo**. Este, quando unido a um ou mais fosfatos, constitui um nucleotídeo. Portanto, podemos dizer que o **ATP é um nucleotídeo trifosfatado**. Quando o grupo fosfato terminal se separa do ATP, este se transforma em ADP (difosfato de adenosina), ou seja, um nucleotídeo com dois fosfatos.

O ATP é o principal fornecedor de energia para o trabalho celular (movimentos, síntese de substâncias orgânicas etc.). Nas células musculares, por exemplo, o ATP fornece energia para o deslizamento de filamentos proteicos, responsáveis pela contração muscular.

O ATP é sintetizado na maior parte das células eucarióticas, no interior das mitocôndrias e dos cloroplastos – apenas uma pequena porcentagem ocorre no citosol.

A mitocôndria é a organela responsável pela respiração celular, processo em que as moléculas provenientes dos alimentos reagem junto com o oxigênio molecular (O_2), liberando energia para formação de ATP.

2.3.1 Diferenças entre seres heterótrofos e autótrofos e entre seres aeróbios e anaeróbios

Os primeiros seres vivos surgiram a partir de moléculas orgânicas formadas pelos gases atmosféricos da Terra primitiva. Existe uma hipótese, ainda em discussão, de que substâncias precursoras originaram complexos moleculares dotados de metabolismo e de reprodução, de modo a criar os primeiros seres vivos. Essas primeiras formas de vida eram, provavelmente, microscópicas e delimitadas por membranas. Como já abordado no Capítulo 1, os primeiros organismos provavelmente apresentavam metabolismo simples, alimentando-se de compostos orgânicos disponíveis em grande quantidade nos oceanos primitivos. De acordo com a **hipótese heterótrofa**, eles conseguiam energia por meio de um processo anaeróbio, ou seja, de fermentação, pois não havia oxigênio livre na natureza.

Acredita-se que, com o possível aumento de seres heterótrofos, a matéria-prima orgânica disponível para alimentação diminuiu consideravelmente. Por isso, organismos modificados e readaptados provavelmente passaram a converter substâncias simples em complexas, originando os primeiros organismos autótrofos quimiossintetizantes. Supõe-se também que, nesse mesmo período, o gás carbônico (CO_2) se acumulou no ambiente, possibilitando o surgimento de seres capazes de captar a luz solar com o auxílio de pigmentos, como a clorofila. Assim, utilizando energia da luz, da água e do gás carbônico para a síntese de alimentos orgânicos, teriam surgido os primeiros seres autótrofos fotossintetizantes, fundamentais para a modificação da composição da atmosfera – de acordo com essa teoria, esses seres foram responsáveis por introduzir na atmosfera o gás oxigênio.

♕ Vitaminas essenciais

No que se refere à nutrição dos primeiros seres vivos, a **hipótese autótrofa** é a mais aceita atualmente. Esses seres são quimiolitoautotróficos, capazes de produzir os próprios alimentos por meio da energia liberada em reações químicas entre componentes inorgânicos presentes nas rochas (o termo grego *lithos* significa "rocha"). Essa hipótese tem se fortalecido pela descoberta de micro-organismos que vivem em ambientes inóspitos, como fontes de água quente e vulcões submarinos. Provavelmente, com a evolução dos seres quimiolitoautotróficos, teriam surgido outros tipos de seres: os que realizam fermentação; depois, os fotossintetizantes; e, por fim, os que respiram gás oxigênio (aeróbios).

De acordo com a hipótese autótrofa, os primeiros seres vivos evoluíram e aumentaram o grau de organização. Nessa organização, o grau mais básico são as células, consideradas unidades fundamentais da vida. No interior das células, ocorrem os processos e as reações químicas fundamentais à vida, que, em conjunto, constituem o metabolismo (total de reações químicas ordenadas e catalisadas por enzimas).

As reações químicas intracelulares para fornecer energia possibilitaram o crescimento e a reprodução das moléculas orgânicas. Dessa forma, podemos supor que a estratégia alimentar dos primeiros seres vivos era semelhante à dos seres que, atualmente, produzem o próprio alimento ou o obtêm no meio onde vivem.

O metabolismo procariótico também varia com relação ao oxigênio (O_2). **Aeróbios obrigatórios** utilizam o oxigênio para respiração celular e não podem crescer em sua ausência. **Anaeróbios obrigatórios**, ao contrário, são intoxicados por esse gás. Alguns anaeróbios obrigatórios vivem exclusivamente da fermentação; outros extraem energia química por respiração anaeróbia, na qual substâncias diferentes do oxigênio (O_2), como íons sulfato (SO_4^{2-}) e íons nitrato (NO_3^-), recebem elétrons no término das cadeias de transporte de elétrons.

💊 Vitaminas essenciais

Anaeróbios facultativos utilizam oxigênio quando há essa possibilidade, mas também podem realizar respiração anaeróbia ou fermentação em um ambiente anaeróbio (Campbell et al., 2010).

2.4 Respiração celular

A respiração celular é um processo em que ocorre a liberação de energia de moléculas orgânicas dos alimentos dentro das células, de modo a produzir gás carbônico (CO_2) e água, bem como a energia necessária para o metabolismo do animal.

A energia contida nas moléculas orgânicas vem do Sol: ela flui para dentro de um sistema (ecossistema) em forma de luz solar e sai em forma de calor. Considera-se que compostos orgânicos têm potencial energético resultante de seus arranjos de átomos, podendo participar de reações exergônicas (catabolismo) ao liberar parte da energia para o trabalho celular – a outra parte é dissipada como calor.

Um exemplo de **processo catabólico** é a **fermentação**, em que ocorre a degradação parcial de açúcares sem o uso do oxigênio. Entretanto, a mais eficiente via catabólica é a respiração aeróbia, que consome o oxigênio como reagente junto com o combustível orgânico.

💊 Vitaminas essenciais

As células da maioria dos organismos eucariotos e de alguns procariotos podem realizar respiração aeróbia; porém, alguns procariotos realizam um processo denominado *respiração anaeróbia*, utilizando outro tipo de substância além do oxigênio, em um processo similar, e obtêm energia química sem usar o oxigênio (O_2). Então, tecnicamente, a respiração celular se refere tanto ao processo aeróbio quanto ao anaeróbio.

Na respiração celular, a glicose é a molécula mais utilizada pelos seres vivos para a liberação de energia por meio dos compostos orgânicos.

$$C_6H_{12}O_6 + 6O_2 \rightarrow 6CO_2 + 6H_2O + \text{Energia (ATP + calor)}$$

Compostos orgânicos + Oxigênio → Dióxido de carbono + Água + Energia

O processo de oxidação ou degradação da glicose pode ser dividido em duas fases: anaeróbia e aeróbia.

A fase anaeróbia compreende a etapa da glicólise, que ocorre na ausência de oxigênio no citoplasma das células eucarióticas e procarióticas.

A fase aeróbia ocorre na presença de oxigênio (O_2) e é constituída por duas reações: o **ciclo de Krebs**, que ocorre na matriz mitocondrial das células eucarióticas e no citoplasma das células procarióticas, e a **cadeia respiratória**, que ocorre nas cristas mitocondriais, próximas à face interna da membrana plasmática, de eucariotos e procariotos.

Figura 2.5 – Fases da respiração celular aeróbia

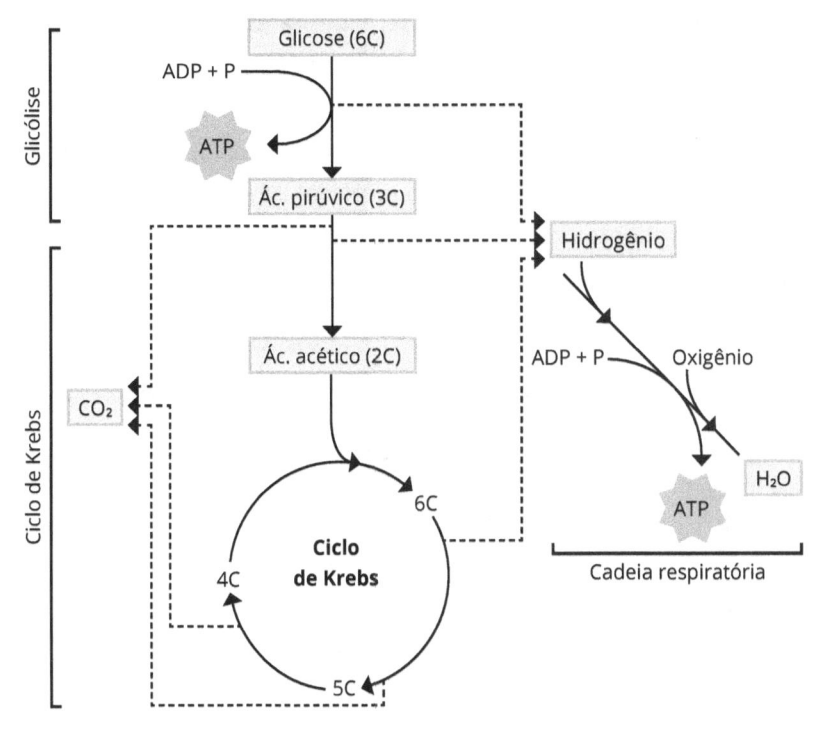

[Diagrama: Glicólise – Glicose (6C) + ADP + P → ATP → Ác. pirúvico (3C); Ciclo de Krebs – Ác. acético (2C), CO_2, 6C, 5C, 4C; Cadeia respiratória – Hidrogênio, ADP + P, Oxigênio, ATP, H_2O]

Fonte: Junqueira; Carneiro, 1991, p. 66.

Glicólise

A glicólise ocorre tanto na presença quanto na ausência de oxigênio (O_2). Depois de ser ativada por duas moléculas de ATP, cada molécula de glicose (6C) forma duas moléculas de ácido pirúvico (3C) ou piruvato. Com a redução de nicotinamida adenina dinucleotídeo – NAD (perda de hidrogênios), acontece também a liberação de energia em quantidade suficiente para formar quatro ATPs, produzindo-se um saldo energético de dois ATPs.

Em outras palavras, a glicólise obtém energia química oxidando glicose a piruvato. A glicólise, "quebra" ou divisão do açúcar (glicose), ocorre quando o açúcar de seis carbonos é dividido em dois açúcares de três carbonos; estes são oxidados e seus átomos são rearranjados para formar duas moléculas de piruvato (forma ionizada do ácido pirúvico). No final, todos os carbonos presentes na glicose foram integrados nas duas moléculas de piruvato, e o gás carbônico (CO_2) não é liberado durante a glicólise.

Figura 2.6 – Glicólise: primeira etapa da respiração celular

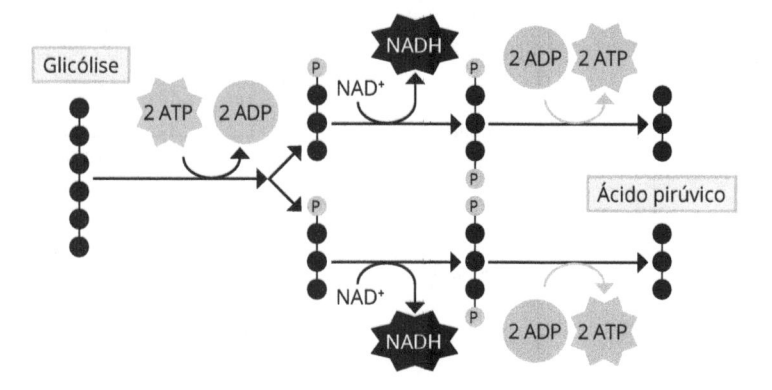

Como demonstra a Figura 2.6, os hidrogênios são retirados e transportados pelos agentes NAD e FAD (flavina adenina dinucleotídeo) no interior da célula.

Ciclo de Krebs

A glicólise libera menos de um quarto da energia armazenada na glicose – a maior quantidade fica armazenada nas duas moléculas de piruvato. Quando o piruvato entra na mitocôndria, via transporte ativo, é convertido em acetilcoenzima A (ou acetil-Coa).

Nessa etapa (glicólise + ácido cítrico), ocorre a participação de um complexo multienzimático, responsável por três reações: (1) o grupo carboxila (COO⁻) do piruvato é oxidado e liberado, durante a respiração, em forma de molécula de dióxido de carbono (CO_2); (2) o fragmento de dois carbonos restantes é oxidado, formando acetato (forma ionizada do ácido acético); (3) a coezima A (CoA), composto contendo enxofre derivado da vitamina B, é anexada ao acetato, tornando o grupo acetila muito reativo. Finalmente, essa molécula está pronta para fornecer o grupo acetila ao ciclo do ácido cítrico para oxidação posterior.

O ciclo do ácido cítrico também é chamado de *ciclo do ácido tricarboxílico* ou *ciclo de Krebs*, em homenagem ao cientista germano-britânico Hans Krebs (Reece et al., 2015).

Cadeia transportadora de elétrons

Essa fase ocorre associada às cristas mitocondriais onde há transferência dos hidrogênios transportados pelo NAD^+ e pelo FAD para o oxigênio, formando água. O oxigênio é o receptor final de hidrogênios e participa apenas da última etapa da cadeia respiratória. Nas transferências de hidrogênios ao longo da cadeia respiratória, há liberação de elétrons excitados que vão sendo captados por transportadores intermediários (os **citocromos**).

No terceiro estágio da respiração, a cadeia transportadora de elétrons aceita os elétrons dos produtos degradados nos dois primeiros estágios, passando esses elétrons de uma molécula a outra. No final da cadeia, os elétrons são combinados com uma molécula de oxigênio e íons hidrogênio (H^+), de modo a formar água. A energia liberada em cada passo da cadeia é armazenada de forma que a mitocôndria (ou célula procariótica) consiga utilizá-la para produzir ATP.

Esse modo de síntese de ATP é chamado de **fosforilação oxidativa**. Nas células eucarióticas, a membrana interna da mitocôndria é o sítio do transporte de elétrons e da quimiosmose – processo no qual a energia armazenada na forma de um gradiente de íons hidrogênio é utilizada para promover trabalhos celulares, como a síntese de ATP.

Para cada molécula de glicose que entra na cadeia transportadora de elétrons, formam-se 34 ATPs. Cada NADH + H^+ libera energia para formar três moléculas de ATP, e cada $FADH_2$ libera energia para formar duas moléculas de ATP. Como o saldo energético da glicólise é de duas moléculas de ATP e o do ciclo de Krebs também, o saldo energético final da respiração, na queima de cada molécula de glicose, é de 38 moléculas de ATP.

Dependendo do tipo de célula eucariótica, o saldo total de ATP, na cadeia transportadora de elétrons, pode ser de 36 ou de 38 ATP.

Em resumo, uma cadeia transportadora de elétrons consiste em várias moléculas, a maioria proteínas, incrustadas nas membranas internas da mitocôndria de células eucarióticas e da membrana plasmática de procariotos aeróbios. Elétrons removidos da glicose são transportados pelo NADH ao topo, extremidade de alta energia da cadeia. Na parte inferior, extremidade de baixa energia, o oxigênio (O_2) captura esses elétrons juntamente com o hidrogênio (H^+), formando água (Campbell et al., 2010).

Nos procariontes, como não há mitocôndrias, o processo inteiro de respiração ocorre no citoplasma e na face citoplasmática da membrana celular. O rendimento energético total da respiração é de 38 moléculas de ATP para cada molécula de glicose degradada.

Figura 2.7 – Etapas básicas da respiração celular: glicólise, ciclo de Krebs e fosforilação oxidativa

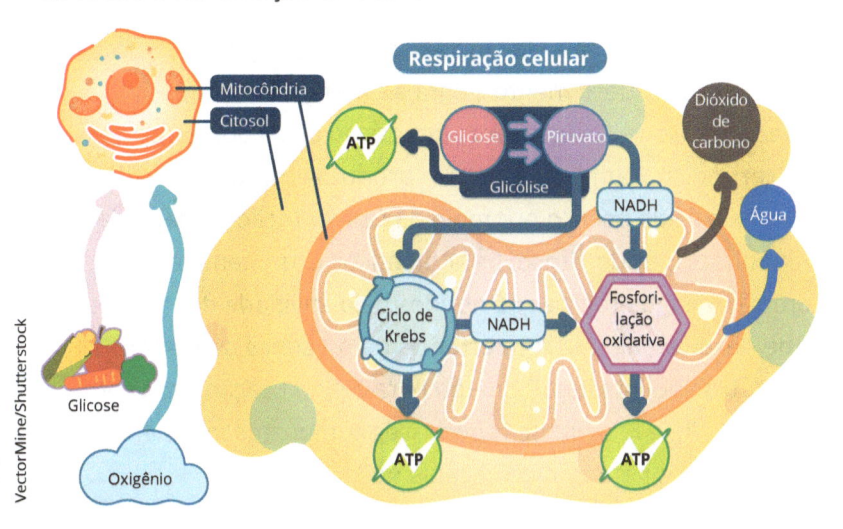

Dessa forma, é possível afirmar que, tecnicamente, a respiração aeróbia é uma função cumulativa de três estágios metabólicos: glicólise, ciclo de Krebs (ciclo do ácido cítrico) e cadeia transportadora de elétrons (fosforilação oxidativa).

2.5 Fermentação

A fermentação é um fenômeno químico realizado por organismos anaeróbios. Trata-se de um processo que ocorre sem a presença de oxigênio e que transforma matérias orgânicas em outras, liberando energia. Além disso, na fermentação, substâncias orgânicas são degradadas parcialmente, originando moléculas orgânicas menores.

A fermentação é um processo essencial para a manutenção da vida no planeta. É fundamental, por exemplo, para a redução do lixo – bactérias e fungos anaeróbios que se encontram no solo ou na água participam da decomposição da matéria orgânica.

Processos de fermentação são empregados por indústrias, principalmente de alimentos, para a obtenção de produtos. Leveduras são utilizadas para a produção de álcool, glicerol e gás carbônico. Também se obtêm produtos como ácido lático, acetona e ácido acético por meio da fermentação de bactérias. Além disso, o ácido cítrico, os antibióticos e as vitaminas do complexo B igualmente são obtidos pela atividade dos fungos. Cabe destacar, ainda, a importância da presença de bactérias anaeróbias no intestino humano para a sintetização das vitaminas B_2, B_6, B_{12} e K, a fim de repor esses compostos indispensáveis ao bom funcionamento do organismo.

2.5.1 Tipos de fermentação

Existem diversos tipos de fermentação, os quais apresentam diferentes resultados com relação aos produtos formados por meio do piruvato. Dois tipos comuns são a fermentação alcoólica e a fermentação lática (Campbell et al., 2010).

Na **fermentação alcoólica**, o piruvato é convertido em etanol (álcool etílico) em dois passos. Primeiramente, há a liberação de dióxido de carbono do piruvato, que depois é convertido no composto de dois carbonos acetaldeído. Na sequência, o acetaldeído é reduzido pelo $NADH^+$, necessário para a continuação da glicólise. Diversas bactérias realizam fermentação alcoólica sob condições anaeróbias.

Sinapse

O fungo *Saccharomyces cerevisiae*, popularmente conhecido como *fermento de padaria* ou *levedo de cerveja*, recorre à fermentação alcoólica para obter energia quando o gás oxigênio é escasso. Nesse processo de fermentação, o levedo produz álcool etílico (etanol) e gás carbônico como subprodutos.

Desde a Antiguidade, os seres humanos utilizam leveduras na fabricação de cerveja, vinhos e pães. Na produção de pães, por exemplo, durante a fermentação alcoólica, formam-se moléculas de gás carbônico, que fazem a massa crescer, e também moléculas de álcool etílico, que evaporam pelo calor do forno enquanto o pão é assado.

Durante a **fermentação lática**, o piruvato é reduzido diretamente pelo NADH para formar o lactato, sem a liberação de dióxido de carbono (CO_2). A fermentação lática realizada por certos fungos e bactérias é utilizada na indústria de laticínios para produzir queijo e iogurte (Campbell et al., 2010).

Em células musculares, também ocorre a fermentação lática quando diminui ou cessa o suprimento de gás oxigênio (O_2) e a glicose passa a ser quebrada em condições anaeróbias.

Sinapse

Os lactobacilos (bactérias do leite) utilizam a lactose do leite para obter energia e produzem ácido lático como subproduto, ou seja, transformam leite em coalhada. Nesse processo, a lactose do leite é quebrada por enzimas, fora da célula bacteriana, o que origina a glicose e a galactose.

Figura 2.8 – Processo de fermentação do ácido lático

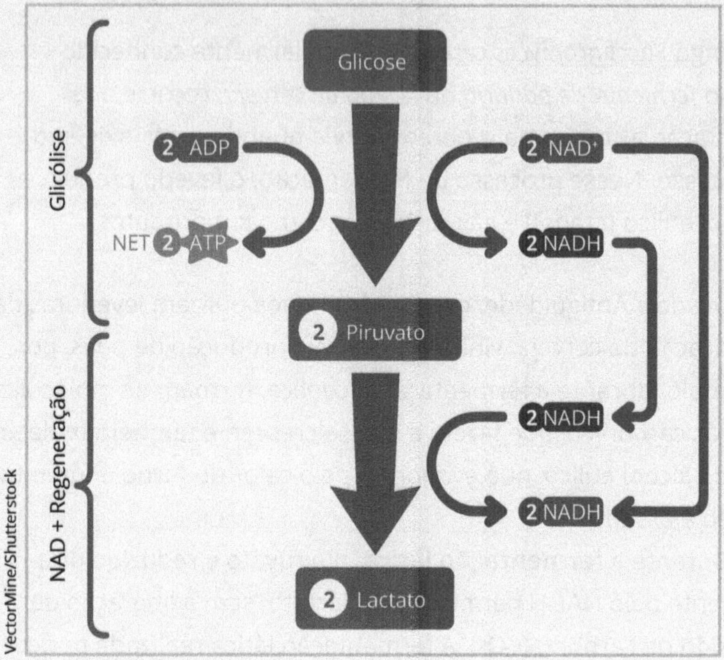

2.6 Fotossíntese

A energia que mantém a vida em nosso planeta provém do Sol, cuja radiação luminosa é transformada em energia química pelos organismos fotossintetizadores: plantas, algas e cianobactérias.

As algas e as plantas produzem substâncias orgânicas por meio de moléculas de água e de gás carbônico, liberando gás oxigênio como subproduto. Esse processo, denominado *fotossíntese*, é um método altamente eficiente de conversão de energia luminosa em energia química, que, por sua vez, supre o metabolismo de praticamente todos os seres vivos.

De forma simplificada, podemos dizer que a fotossíntese converte a energia da luz em energia química dos alimentos, como demonstra o esquema da Figura 2.9.

Figura 2.9 – Esquema simplificado da fotossíntese

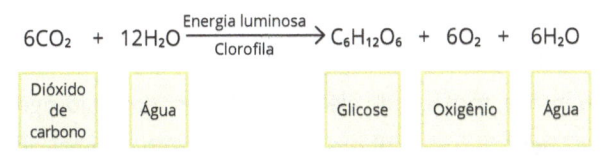

$$6CO_2 + 12H_2O \xrightarrow[\text{Clorofila}]{\text{Energia luminosa}} C_6H_{12}O_6 + 6O_2 + 6H_2O$$

| Dióxido de carbono | Água | | Glicose | Oxigênio | Água |

Para fornecer uma alternativa de cultivo de plantas que não necessitasse exclusivamente do substrato do solo, desenvolveu-se o método de cultivo chamado de *hidroponia*, que possibilita cultivar plantas sem solo desde que as raízes estejam mergulhadas em uma solução com nutrientes minerais essenciais. Além dos nutrientes, as plantas utilizam gás carbônico atmosférico como matéria-prima para sintetizar as substâncias orgânicas necessárias ao seu desenvolvimento, e a energia empregada para isso vem da luz solar.

Figura 2.10 – Representação gráfica da visão geral da fotossíntese: cooperação das reações

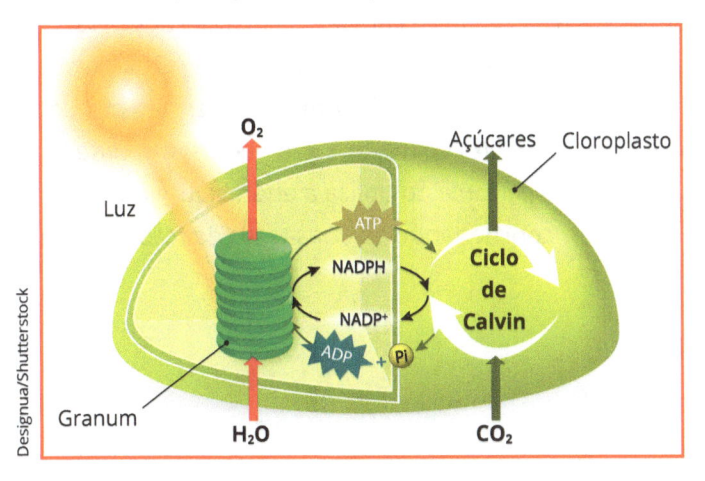

Campbell et al. (2010) explicam que a fotossíntese não constitui um processo único, mas dois processos, cada um com múltiplas etapas. Essas duas fases são conhecidas como **reações luminosas** e **ciclo de Calvin**.

As reações luminosas são as etapas da fotossíntese, quando ocorre a conversão da energia solar em energia química. A água é quebrada, fornecendo elétrons e prótons (íons hidrogênio, H^+) e libera O_2 como subproduto. A luz absorvida pela clorofila promove a transferência de elétrons e íons hidrogênio da água para um aceptor chamado de $NADP^+$ (nicotinamida adenina dinucleotídeo fosfato), onde são temporariamente armazenados. O aceptor de elétrons $NADP^-$ é o parente próximo do NAD^+, que funciona como carregador de elétrons na respiração celular. As reações luminosas também geram ATP utilizando a quimiosmose para adicionar um grupo fosfato ao ADP, processo chamado fotofosforilação. Observe que as reações luminosas não produzem açúcar, isso acontece na segunda fase, o ciclo de Calvin. (Campbell et al., 2010, p. 188)

O ciclo se inicia com a incorporação do dióxido de carbono (CO_2) em moléculas orgânicas presentes nos cloroplastos. O ciclo reduz o carbono fixado a carboidrato por adição de elétrons, e suas etapas metabólicas são denominadas *reações escuras* ou *reações independentes da luz*, por não necessitarem de luz. Essencialmente, o cloroplasto utiliza a energia luminosa para produzir açúcar, coordenando as duas fases da fotossíntese.

Síntese proteica

Neste capítulo, abordamos, de forma geral, alguns conceitos básicos referentes à estrutura e à função das principais biomoléculas: carboidratos, lipídios, proteínas e ácidos nucleicos. Destacamos que as proteínas têm ampla gama de estruturas e funções, podendo ser classificadas em simples ou conjugadas. As simples são formadas por aminoácidos e as conjugadas, por aminoácidos e grupos prostéticos. Os ácidos nucleicos armazenam e transmitem a informação hereditária, a qual é separada em dois tipos: DNA (ácido desoxirribonucleico) e RNA (ácido ribonucleico). Ambos controlam, de forma integrada, a síntese de proteínas.

Também apresentamos conceitos relativos aos seres vivos, que evoluíram e aumentaram o grau de organização. Como esclarecemos, as células, seu grau mais básico de organização, são consideradas unidades fundamentais da vida. No interior das células, ocorrem os processos e as reações químicas fundamentais à vida, os quais constituem o metabolismo (conjunto total de reações químicas ordenadas e catalisadas por enzimas). Mostramos que todos os seres vivos são constituídos por compostos de inúmeros elementos da natureza, sejam orgânicos (constituídos por átomos de carbono), sejam inorgânicos (ausência de carbono na composição). Nós, seres vivos, somos compostos por órgãos, os quais são constituídos por tecidos, que, por sua vez, são compostos por um aglomerado de células.

Na sequência, explicamos de que maneira as células, mediante a fermentação e a respiração, produzem energia e como as duas formas de fermentação atuam no ambiente. É por meio de processos de fermentação que obtemos os pães, a cerveja, o vinho ou o vinagre, o iogurte, entre outros.

Prescrições

Filmes

GATTACA: a experiência genética. Direção: Andrew Niccol. EUA: Sony Pictures Entertainment, 1997. 106 min.

O filme aborda os caminhos a que a engenharia genética pode levar e demonstra como essa tecnologia pode afetar a sociedade. Na história, a sociedade cria uma nova espécie de preconceito e de hierarquia racial por meio da manipulação genética, legitimada pela ciência. Trata-se de uma excelente obra para refletir sobre o sequenciamento do genoma humano, tendo em vista seus usos e suas consequências.

OSMOSE Jones: uma aventura radical pelo corpo humano. Direção: Bobby Farrelly e Peter Farrelly. EUA: Warner Home Video, 2001. 95 min.

Nessa comédia, o personagem Frank alimenta-se mal, não pratica exercícios físicos e mantém hábitos de higiene bastante duvidosos. Ele entra em contato com bactérias e com um vírus (Thrax) depois de ingerir um ovo que havia caído no chão. Trata-se de um filme interessante para compreender a importância do sistema imunológico e dos bons hábitos de higiene.

Testagem

1. Sobre a respiração celular, é correto afirmar que:

   A a fermentação libera menos energia do que a respiração aeróbia, pois na primeira a quebra da glicose é incompleta.
   B é na glicólise que ocorre a menor produção de moléculas de trifosfato de adenosina (ATP).
   C a respiração celular é um processo em que ocorre a liberação de energia de moléculas orgânicas dos alimentos dentro das células, as quais produzem gás carbônico e água, bem como a energia necessária para o metabolismo do animal.
   D o processo de respiração celular ocorre totalmente no interior das mitocôndrias.
   E uma célula muscular passa a transformar ácido lático quando há deficiência de oxigênio.

2. A respeito da equação a seguir, assinale a alternativa correta:

   $C_6H_{12}O_6 + 6O_2 \rightarrow 6CO_2 + 6H_2O + \text{Energia (ATP + calor)}$

   A Na respiração celular, a glicose é a molécula mais utilizada pelos seres vivos para a liberação de energia por meio de compostos orgânicos.
   B Trata-se da cadeia respiratória.
   C A produção aeróbia de ATP, na etapa seguinte à apresentada, não depende da existência de mitocôndrias.
   D Nessa etapa, ocorre a maior produção de energia.
   E Se o ácido pirúvico for depositado em células musculares, ocorre o fenômeno conhecido como *fadiga muscular*.

3. Qual dos termos a seguir inclui todos os outros da lista?

   A Monossacarídeo.
   B Dissacarídeo.
   C Amido.
   D Carboidrato.
   E Polissacarídeo.

4. Qual das afirmações a seguir sobre as gorduras insaturadas está correta?

   A São mais comuns em animais do que em plantas.
   B Seus ácidos graxos têm ligações duplas na cadeia carbônica.
   C Geralmente, solidificam em temperatura ambiente.
   D Contêm mais átomos de hidrogênio do que as gorduras saturadas com o mesmo número de átomos de carbono.
   E Têm menor número de ácidos graxos por molécula.

5. Qual é o nível estrutural de uma proteína menos afetada pela perda de pontes de hidrogênio?

   A Nível primário.
   B Nível secundário.
   C Nível terciário.
   D Nível quaternário.
   E Todos os níveis estruturais são igualmente afetados.

Laboratório

Análise biológica

1. A "domesticação" e a utilização de micro-organismos fermentadores pela espécie humana datam de milhares de anos. O pão e o vinho, os mais tradicionais alimentos da

humanidade, são alguns dos produtos provenientes da fermentação realizada por leveduras do gênero *Saccharomyces*. Qual é a importância da fermentação para a humanidade?

2. Considere o NADH formado durante a glicólise. Qual é o aceptor final para seus elétrons durante a fermentação?

Experimentação

1. Questione as pessoas com quem você convive sobre os motivos que fazem com que as massas de pães e bolos cresçam quando adicionamos fermento biológico. Sabemos que esse fermento deve atuar na massa, fazendo-a crescer antes de ser levada ao forno. Em seguida, justifique esse processo.

CAPÍTULO 3

Ivonete Aparecida dos Santos

NOÇÕES DE CITOLOGIA,

A classificação dos seres vivos nos três domínios – *Archaea*, *Bacteria* e *Eukarya* – contempla todos os organismos, viventes ou extintos, conhecidos no planeta Terra. Os domínios correspondem ao nível mais elevado e abrangente dos táxons na classificação dos seres vivos.

Os domínios *Archaea* e *Bacteria* englobam organismos procariontes (ou procarióticos). No grupo *Bacteria*, encontra-se a maior parte dos procariontes conhecidos: bactérias causadoras de doenças, cianobactérias etc. Já o domínio *Eukarya* compreende todos os organismos que apresentam células eucariontes (ou eucarióticas), como plantas, fungos, animais e alguns organismos unicelulares.

A citologia (ou biologia celular) é a área que se ocupa do funcionamento das células e de suas estruturas. Seu estudo é importante porque permite a descoberta de doenças e também de formas de prevenção e de tratamento para elas. Além disso, possibilita o desenvolvimento de tecnologias para as produções agrícola e pecuária, bem como o avanço de métodos inovadores de reprodução assistida, como a manipulação de gametas – bastante procurada, atualmente, por pessoas que não conseguem gerar seus filhos de forma natural.

Neste capítulo, abordaremos as características das células dos organismos eucariontes e procariontes e as partes que as compõem: membrana plasmática, citoplasma e núcleo. Como o surgimento da citologia está diretamente relacionado à invenção e ao aperfeiçoamento do microscópio, explicaremos brevemente a microscopia.

Apresentaremos também algumas características dos vírus, conjunto de estruturas que ainda causa polêmica entre os cientistas – alguns os reconhecem como seres vivos, outros não. Isso porque, embora apresentem genoma, os vírus são acelulares, ou seja, não têm células, a unidade fundamental da vida.

3.1 Diferenças entre células procarióticas e eucarióticas

De acordo com as estruturas celulares e sua fisiologia, os organismos são divididos em dois grupos: procariontes e eucariontes*.

A palavra *procarionte* é composta por dois elementos: o prefixo latino *pro-*, que significa "à frente", "antes" – no caso em questão, significa "primitivo" –, e o termo grego *karyon*, que significa "núcleo". Em outras palavras, os procariontes não têm compartimento específico para alojar o ácido desoxirribonucleico (DNA). Já a palavra *eucarionte* é composta pelos elementos gregos *eu-*, que significa "adequado", "correto", e *karyon*. Assim, os eucariontes são organismos cujas células contêm um compartimento intracelular, chamado *núcleo*, que abriga o DNA.

℞ Vitaminas essenciais

A diferença primordial entre as células procarióticas e as eucarióticas está no fato de que, no primeiro caso, o DNA encontra-se solto no citoplasma da célula, ao passo que, no segundo, o DNA fica confinado em um núcleo (Campbell; Reece, 2005).

---

* Os termos *procarióticos* e *eucarióticos* também são usuais nesse tipo de classificação, bem como os termos *procariotos* e *eucariotos*.

De forma universal, todas as células apresentam membrana plasmática e citoplasma com DNA. As dimensões das células variam muito, embora seja impossível enxergá-las a olho nu. Para vê-las, é preciso recorrer ao uso do microscópio. As exceções são as células gaméticas (ovos) de aves e anfíbios (como a rã), que são grandes o suficiente para serem observadas sem um microscópio.

As unidades de medida empregadas na microscopia são o micrômetro (μm) e o nanômetro (nm) – 1 mm equivale a 1.000 μm, e 1 μm equivale a 1.000 nm.

Figura 3.1 – Escala de tamanhos

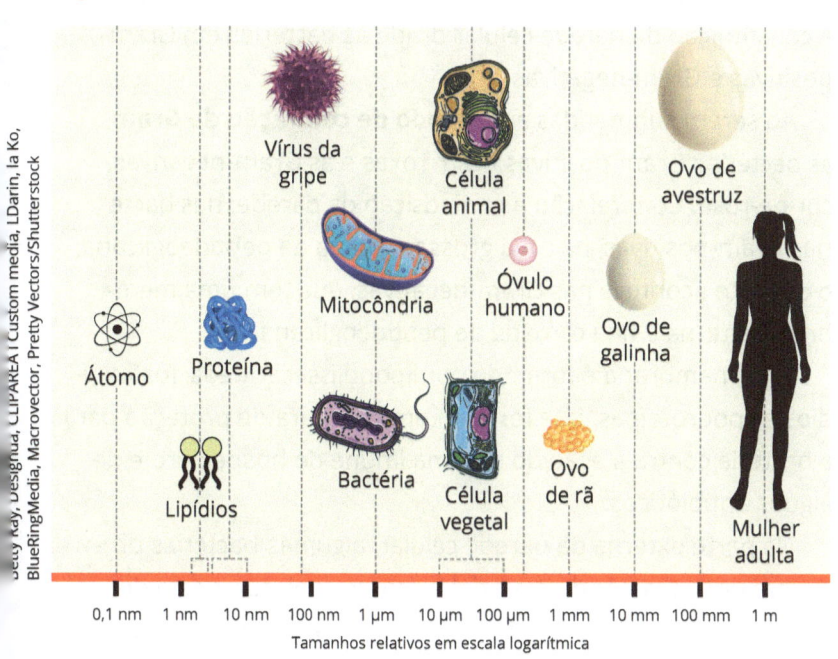

Fonte: Khan Academy, 2020.

3.1.1 Células procariontes

Os procariontes são as bactérias que, no citoplasma, apresentam DNA e ribossomos livres, configurando um ambiente granuloso. Formando o citosol (porção líquida do citoplasma), estão os carboidratos, os lipídios, as proteínas (as estruturais e as enzimáticas) e os aminoácidos. Em torno do citoplasma, está a membrana plasmática, formada por fosfolipídios, pelas proteínas transportadoras e pelas enzimas capazes de produzir moléculas de trifosfato de adenosina (ATP). Há também enzimas que ajudam a bactéria a penetrar nas células hospedeiras. Essas células não têm citoesqueleto, mas uma parede celular rígida. A constituição da parede celular divide as bactérias em Gram-positivas e Gram-negativas.

Ao serem submetidas ao **método de coloração de Gram**, as bactérias Gram-positivas ficam roxas e as Gram-negativas, cor-de-rosa. Com relação à composição da parede, nas bactérias Gram-positivas, há uma grossa camada de peptideoglicana, o que não acontece nas Gram-negativas, que têm uma membrana externa à fina camada de peptideoglicana.

Essa membrana é formada por lipopolissacarídeos, fosfolipídios e lipoproteínas, que formam uma barreira de proteção para a bactéria contra a ação do sistema imune do hospedeiro e de alguns antibióticos.

Na parte externa da parede celular, algumas bactérias produzem uma cápsula de material hidrossolúvel, composta de polissacarídeos ou polipeptídeos, o que forma o glicocálice.

A parede celular das bactérias apresenta, além da cápsula, os flagelos, as fímbrias e os *pili*, que são estruturas que ficam ancoradas na membrana plasmática. Essas estruturas são ferramentas para a bactéria alcançar alimentos ou fugir de ambientes nocivos (flagelos), por causa de sua quimiotaxia. Permitem a aderência ao meio ambiente ou a outras bactérias (fímbrias) e a transferência de DNA entre bactérias (*pili*). A quantidade de flagelos presentes nas bactérias é pequena; porém, eles são longos e usados para sua movimentação. Essas estruturas são preenchidas pela proteína **flagelina**.

Quando em condições favoráveis, as bactérias se multiplicam com rapidez. Nesses organismos, a reprodução é do tipo assexuada por cissiparidade, mas com possibilidades de recombinação de genes. Para isso, as bactérias podem realizar a conjugação, a transdução e a transformação.

A **conjugação** consiste na transferência, entre bactérias, de material genético por meio de estruturas chamadas *pili sexuais*. O modo de reprodução **transdução** envolve mudança no material genético da bactéria, pois, nesse caso, um vírus do tipo bacteriófago transfere material genético entre as bactérias. Pela **transformação**, ocorre mudança no material genético de certas bactérias que internalizam, por meio de sua membrana celular, material genético de outra bactéria que tenha morrido e liberado esse material no ambiente, tornando-se recombinante (Tortora; Funke; Case, 2012).

Quando o meio ambiente onde a bactéria está se torna inapropriado por falta de nutrientes ou de água, elas podem realizar um processo chamado **esporulação**. Esse pode ser um mecanismo de defesa de algumas bactérias. Nesse caso, a bactéria perde suas características de ser vivo ativo e ganha uma forma inativa ao transformar-se em endósporo. De dentro para fora, ocorre a formação de uma parede resistente que acomoda o material genético no interior da célula em um ambiente desidratado. Esse endósporo é muito resistente às intempéries ambientais, podendo germinar quando o meio se torna favorável à sobrevivência da bactéria.

3.1.2 Células eucariontes

As células eucarióticas formam os seres vivos presentes nos reinos Protista, Fungi, Plantae e Animalia, sendo a maioria multicelular. Muitas das características presentes nas células procarióticas são incrementadas quando se trata das células eucarióticas. Como já mencionamos, o que marca esse grupo celular é a presença do núcleo. As funções específicas desse tipo de célula dependem de sua forma.

As células eucarióticas são complexas e têm muitas estruturas citoplasmáticas. Além disso, quando em vegetais e fungos, apresentam uma parede externa à membrana plasmática. Por isso, de início, trataremos dos envoltórios externos à membrana plasmática em eucariontes: a parede de celulose e a quitina.

A **parede de celulose**, hemicelulose e pectina (polissacarídeos) das células vegetais contém arranjos de glicoproteínas. Esse conjunto tem a função de manter a forma da célula, prevenir danos mecânicos e, ainda, proporcionar rigidez e sustentação à planta. Os citoplasmas das células vegetais adjacentes se conectam via pontes citoplasmáticas em espaços existentes nas paredes, chamados *plasmodesmos* (o elemento *desmos* significa "ligados"), o que permite o compartilhamento de substâncias, inclusive de vírus, entre células vizinhas (Campbell; Reece, 2005).

Nos fungos, o revestimento externo das células, ou seja, a parede celular externa, é formado por **quitina**, um tipo de polissacarídeo flexível que contém nitrogênio em sua formação. A função da quitina também é conferir rigidez à célula.

Flagelos e cílios em eucariontes são estruturas diminutas que emergem da membrana plasmática, sendo responsáveis pela mobilidade da célula ou pelo deslocamento de fluidos ao redor dela. Os **flagelos** são longos e em pequena quantidade (um ou poucos) e apresentam batimento serpenteante, o qual propulsiona (desloca) as células. Podemos citar como exemplo o deslocamento de protozoários, da alga *Euglena* e de espermatozoides. Outro exemplo são as esponjas-do-mar, cujo batimento dos flagelos dos coanócitos produz um fluxo de água para dentro da esponja, auxiliando em sua alimentação e reprodução.

Os **cílios** são curtos e numerosos na superfície celular e batem de modo a empurrar partículas. O epitélio da traqueia contém cílios que impulsionam substâncias que ficam presas no muco. Elas são empurradas até a garganta para, posteriormente, serem deglutidas.

💊 Vitaminas essenciais

Células vegetais presentes nas gimnospermas e nas angiospermas não têm flagelos.

Os flagelos e os cílios são arranjos de microtúbulos (elementos do citoesqueleto) que contam com nove pares periféricos somados a dois microtúbulos na parte central do flagelo e do cílio. Essas especializações de membrana estão ancoradas em estruturas citoplasmáticas chamadas *centríolos*, que ficam em um local na célula denominado *centrossomo*. Os centríolos são arranjos organizados em nove trios de microtúbulos e estão ausentes em células vegetais.

O destaque agora será o citoplasma das células eucarióticas, que é repleto de organelas membranosas, a saber: retículo endoplasmático, núcleo, complexo de Golgi, lisossomos, peroxissomos, mitocôndrias e cloroplastos. Juntas, essas estruturas mantêm o funcionamento dos organismos.

Por muito tempo, os cientistas tentaram dar significado àquilo que segregaria os seres vivos dos demais personagens que compunham a natureza.

Raven e Johnson (2001, p. 79, tradução nossa) informam que "Em 1838, Matthias Schleiden, um botânico, ao estudar tecidos vegetais, afirmou que todas as plantas são agregados de seres totalmente individualizados, independentes e separados, ou seja, as próprias células. Theodor Schwann fez algo semelhante sobre as células nos tecidos animais em 1839".

◖● Vitaminas essenciais

Os **três princípios da teoria celular** são os seguintes (Raven; Johnson, 2001):

1. A menor unidade de um organismo vivo (vida autônoma) é a célula.
2. As propriedades (morfologia e fisiologia) de um organismo dependem das propriedades de suas células.
3. As células se originam unicamente a partir de outras células, e sua continuidade se mantém em virtude da transmissão de seu material genético ao longo das gerações (hereditariedade).

🔔 Sinapse

Os estudos e descobertas nas áreas da biologia não param. Ainda acontecem, por exemplo, discordâncias sobre como classificar os vírus: seres vivos ou seres não vivos?

De fato, os vírus são entidades biológicas pequenas e simples, que apresentam genoma, mas são acelulares, ou seja, não têm células. Conforme já mencionamos nesta obra, a célula é a unidade fundamental da vida.

Os vírus não têm metabolismo próprio, são obrigatoriamente parasitas intracelulares e só assim conseguem se reproduzir. Entretanto, o fato de terem material genético permite que eles sofram mutações e evolução.

Diante desse dilema, tenha em mente o seguinte: avaliações científicas estão em constante desenvolvimento; por isso, a forma como conceituamos os seres vivos pode mudar a qualquer momento.

3.2 Estrutura geral dos componentes celulares: membrana plasmática, citoplasma e núcleo

As células contêm a membrana plasmática como estrutura de separação entre o meio externo e o meio interno. Nos seres unicelulares de vida livre, como as amebas, a membrana é capaz de manter a homeostasia do ser vivo, regulando as substâncias que entram ou saem da célula por meio de sua **permeabilidade seletiva**.

As **membranas plasmáticas** são compostas por um complexo de proteínas e fosfolipídios (lipídios complexos), constituídos de glicerol, dois ácidos graxos e, no lugar do terceiro ácido graxo, um grupo fosfato ligado a um ou vários grupos orgânicos. Os fosfolipídios são moléculas anfipáticas (apresentam uma parte com afinidade pela água e outra com fobia desse elemento) que configuram a forma de bicamada lipídica das membranas, como ilustra a Figura 3.2.

A bicamada lipídica é fluida, pois permite que as proteínas se movimentem ao longo da membrana (Junqueira; Carneiro, 2004). As células apresentam um conjunto de moléculas que ficam voltadas para o lado externo da membrana plasmática, formando o glicocálice.

Figura 3.2 – Membrana plasmática

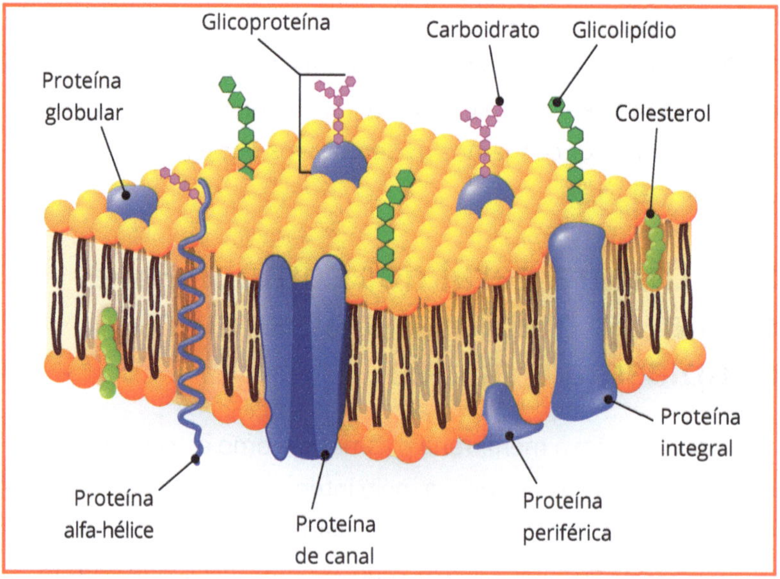

Designua/Shutterstock

O **glicocálice** (ou **glicocálix**) bacteriano é um polímero viscoso e gelatinoso que está situado na parte externa da parede celular e é composto de polissacarídeo, polipeptídeo ou ambos e pode formar a cápsula (Tortora; Funke; Case, 2012).

O glicocálice está presente na maioria das células eucarióticas que não têm parede celular e funciona como reforço da membrana. Ela fica voltada para o meio extracelular e tem como funções o reconhecimento e a adesão de células vizinhas e de moléculas sinalizadoras, como hormônios, além da oferta de resistência e proteção para as células.

Um exemplo de função do glicocálice são as proteínas de membrana presentes no glóbulo vermelho, por meio das quais se identifica o grupo sanguíneo de uma pessoa.

As paredes celulares das células bacterianas são compostas de dissacarídeos e proteínas (denominadas em conjunto de *peptideoglicano*). A principal função da parede celular é prevenir a ruptura das células bacterianas quando a pressão da água dentro da célula é maior do que fora dela (Tortora; Funke; Case, 2012).

Especializações das membranas são as microvilosidades, os cílios e os flagelos. Essas estruturas realizam diferentes ações, de acordo com a função da célula. As **microvilosidades** são dobras e projeções firmes das membranas plasmáticas, chamadas de *dedos de luva* ou *borda em escova*, preenchidas por proteína actina (microfilamentos de actina), a qual compõe o citoesqueleto. Essas estruturas podem estar presentes nas células colunares dos vilos do intestino e nas células dos túbulos renais, ali aumentando a área de absorção de substâncias.

Os **cílios** e os **flagelos** são projeções longas e finas que se movimentam. Os componentes do citoesqueleto que preenchem essas especializações são o microtúbulo (composto pela proteína tubulina) e as proteínas motoras, como a dineína. Nas células do tecido epitelial de revestimento da traqueia, há cílios com a função de varrer partículas. O batimento ciliar das células do epitélio das tubas uterinas age no deslocamento/trânsito dos óvulos. Em células como os espermatozoides, o batimento flagelar proporciona seu deslocamento.

Figura 3.3 – Especializações de membrana

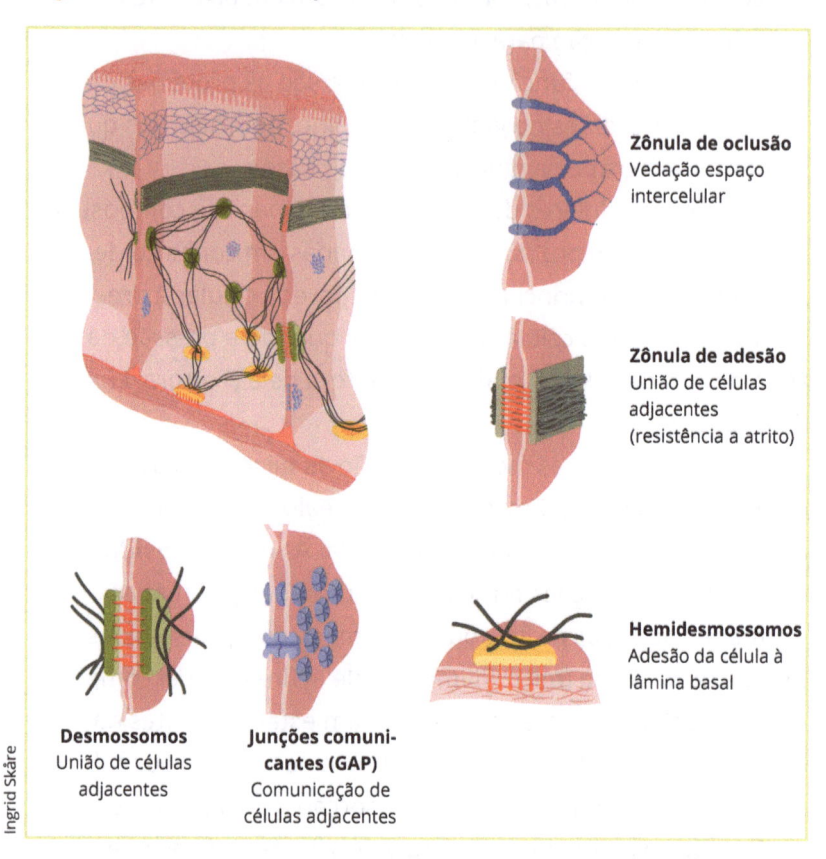

Zônula de oclusão
Vedação espaço intercelular

Zônula de adesão
União de células adjacentes (resistência a atrito)

Hemidesmossomos
Adesão da célula à lâmina basal

Desmossomos
União de células adjacentes

Junções comunicantes (GAP)
Comunicação de células adjacentes

Ingrid Skåre

As células que compõem tecidos epiteliais de revestimento são coesas, ou seja, estão em contato físico entre si. Essas células apresentam-se aderidas umas às outras por meio de estruturas especializadas de membrana (Figura 3.3 e Quadro 3.1). Elas também podem ficar apoiadas nas membranas basais dos tecidos. O tipo e a quantidade dessas junções dependem da função do tecido em que a célula se encontra.

Quadro 3.1 – Tipos de junções e sua função no tecido

Tipo de junção	Função
De oclusão	Impede que substâncias passem entre as células epiteliais do intestino.
Desmossomo	Junção pontual entre as membranas de tecidos epiteliais.
Aderentes	Faz a ponte do citoesqueleto com a matriz extracelular em células da pele.
GAP ou junção comunicante	Permite a passagem de pequenas moléculas entre células vizinhas no músculo cardíaco.
Hemidesmossomo/ junção de ancoragem	Fixa as células na membrana basal.
Plasmodesmo	Permite a passagem de pequenas moléculas entre células vizinhas nos tecidos de plantas.

Fonte: Elaborado com base em Raven; Johnson, 2001.

3.2.1 Fisiologia da célula de acordo com o transporte transmembrana

De forma natural, substâncias entram e saem das células, mantendo o equilíbrio dinâmico necessário para seu metabolismo. O que determina esse trânsito é a **solubilidade** das moléculas com relação aos lipídios. Os anestésicos, os gases, os hormônios esteroides e os ácidos graxos, sendo lipossolúveis, penetram e atravessam a membrana sem dificuldades. A água, os íons, a glicose, os aminoácidos, os hormônios proteicos e os nucleotídeos podem atravessar a membrana plasmática, mas com o auxílio de proteínas integrais de membrana, que são transportadoras (as permeases).

Aqui, é necessário destacar que as movimentações das substâncias entre os compartimentos celulares podem ocorrer **a favor de um gradiente de concentração** – quando a substância se move na direção em que o meio se encontra menos concentrado. Pode haver também a movimentação **contra um gradiente de concentração** – quando a substância se move de um compartimento menos concentrado para outro mais concentrado (Tortora; Funke; Case, 2012).

Os transportes através da membrana podem ser do tipo passivo, quando a célula não gasta energia (ATP), ou do tipo ativo, com gasto de ATP. São exemplos de **transporte passivo** a difusão simples, a osmose e a difusão facilitada. Por sua vez, são exemplos de **transporte ativo** proteínas como a NKCC*, Na^+/K^+ ATPase (bomba de sódio/potássio) e H^+ ATPase (bomba de prótons).

Na **difusão simples**, os gases entram ou saem livremente do citoplasma das células através da bicamada lipídica. Por exemplo, o gás oxigênio que está presente nos alvéolos dos pulmões se difunde para as hemácias e, a partir delas, para os tecidos, em um processo denominado *hematose*. Outro exemplo de gases nas células é o óxido nitroso (N_2O), um gás usado como anestésico em procedimentos odontológicos.

A **difusão facilitada** ocorre por meio de um transportador; por exemplo, as proteínas transmembranares do tipo canal iônico transportam os íons inorgânicos sódio (Na^+), potássio (K^+), cloreto (Cl^-) e hidrogênio (H^+). Além das proteínas de canal, há

---

* Transportador de membrana sódio/potássio/dois cloretos.

também as proteínas carreadoras, que permitem o trânsito de moléculas grandes, como os açúcares glicose, frutose e galactose. A bicamada lipídica é muito permeável à água, que a atravessa facilmente por **osmose** (transporte passivo). O trânsito de água ocorre livremente (quando em poucas moléculas) através da bicamada lipídica ou das aquaporinas (facilitadores). Exemplo clássico de osmose é o trânsito de água nas hemácias (células vermelhas do sangue) colocadas em meio hipertônico, isotônico e hipotônico. "A acidificação do lúmen do lisossomo acontece pela ação das bombas de H$^+$ATPase presentes na membrana da organela, um exemplo de transporte ativo" (Lodish et al., 2014, p. 492).

Confira a seguir, na Figura 3.4, a forma das hemácias em meio isotônico, hipotônico e hipertônico.

Figura 3.4 – Osmose em célula animal

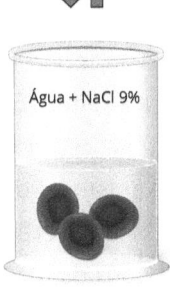

Meio isotônico	Meio hipotônico	Meio hipertônico
Água + NaCl 9%	Água + NaCl 7%	Água + NaCl 12%
Mantém seu volume e forma	O volume aumenta	O volume diminui e a superfície fica enrugada

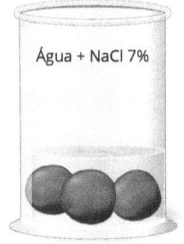

Designua/Shutterstock

3.2.2 Transporte de membrana em grandes quantidades: endocitose e exocitose

Quando as células eucarióticas necessitam englobar outras células ou internalizar grandes quantidades de moléculas, ocorre um processo denominado **endocitose**. Nele, proteínas receptoras presentes na membrana dessa célula reconhecem a substância dissolvida ou a partícula a ser englobada e aderem-se a esse elemento.

A célula modifica localmente o formato da membrana por meio de alterações no citoesqueleto, do qual trataremos mais adiante. Dessa maneira, formam-se os pseudópodes, que abraçam a partícula formando uma vesícula, que é puxada para dentro do citoplasma por invaginação. Essa vesícula, quando se destaca da membrana, pode migrar para dentro da célula.

Há dois tipos de endocitose: a **fagocitose** e a **pinocitose**. As amebas (organismos unicelulares e heterótrofos do Reino Protista) são células que vivem livres no ambiente e obtêm alimentos por meio de fagocitose. Após a fagocitose, a ameba digere as partículas que serão usadas como fonte de energia.

Outro exemplo de célula especializada fagocítica é o macrófago, um tipo de leucócito que, por meio da fagocitose, retira o patógeno, micro-organismo invasor de nosso organismo. Por quimiotaxia, os macrófagos encontram as moléculas que serão fagocitadas. Assim que os fagócitos formam expansões da membrana, os pseudópodos capturam a molécula de interesse, como uma bactéria, desmontando-a posteriormente.

Sinapse

Você já imaginou como as células epiteliais de nosso intestino absorvem tantos nutrientes após as refeições? Pelo processo da pinocitose. Grandes quantidades de fluidos ou solutos dissolvidos, como a glicose, são capturadas por depressões na membrana dos enterócitos (células do epitélio intestinal).

Outras moléculas importantes, como os hormônios, os fatores de crescimento e as proteínas (por exemplo, a transferrina), são internalizadas por pinocitose. De forma semelhante à fagocitose, a vesícula fagocítica formada é digerida pelos lisossomos e as moléculas são usadas no metabolismo celular ou lançadas na corrente sanguínea. Substâncias estranhas, como toxinas e certos vírus, também entram nas células dessa maneira (Boron; Boulpaep, 2012).

Várias macromoléculas são produzidas/sintetizadas dentro das células e devem ser exportadas, ou seja, lançadas no organismo. Para isso, as moléculas produzidas são empacotadas em vesículas que se fundem com a membrana plasmática, sendo, então, lançadas para fora da célula. Os anticorpos são proteínas de defesa produzidas pelos glóbulos brancos, chamados **linfócitos B**. Os anticorpos agem marcando os antígenos (moléculas estranhas) para serem eliminados (fagocitados) pelos macrófagos.

Outro exemplo de molécula que deve ser exocitada é o precursor da proteína colágeno. Células como os fibroblastos, presentes na derme da pele, produzem colágeno. Essa proteína fibrosa e resistente deve ser exocitada para a matriz extracelular (substâncias que ficam do lado de fora das células). Hormônios, neurotransmissores e enzimas digestivas também são exportados das células de origem.

3.2.3 Citoesqueleto

As células eucarióticas podem apresentar formas variadas, locomover-se e organizar a distribuição de suas organelas no citoplasma (ciclose). Essas funções são atribuições de seu **citoesqueleto** (esqueleto celular), um tipo de organela não membranar constituída por filamentos proteicos. Os componentes que formam o citoesqueleto são os microfilamentos de actina, os filamentos intermediários e os microtúbulos.

No Quadro 3.2, descrevemos os componentes do citoesqueleto, a função que exercem na célula e sua localização.

Quadro 3.2 – Componentes do citoesqueleto

Citoesqueleto/ componentes	Funções	Localização nas células
Microfilamentos de actina (5-7 nm de diâmetro)	Conferem forma e estabilidade às células; compõem as microvilosidades; e participam da contração celular e da formação dos pseudópodos – por exemplo, no deslocamento das amebas (Reino Protista).	Presentes na microvilosidade.
Filamentos intermediários (8-10 nm de diâmetro)	Conferem estabilidade à estrutura da célula; são resistentes às tensões; estão presentes na membrana nuclear.	Presentes no neurônio.
Microtúbulos (25 nm de diâmetro)	Preenchem cílios e flagelos; participam da divisão celular no fuso mitótico; direcionam o trânsito de organelas e vesículas no citoplasma.	Presentes na estrutura interna de um flagelo (ou cílio).

Fonte: Elaborado com base em Alberts et al., 2010.

Os **centrossomos** (ausentes nas bactérias e nas plantas sem sementes) são regiões do citoplasma conhecidas como centros organizadores de microtúbulos.

Nas células animais, há um par de centríolos, o qual é responsável por organizar os microtúbulos durante a divisão celular (mitose e meiose). Muito parecidos com os centríolos são os corpúsculos basais, regiões organizadoras de microtúbulos para cílios e flagelos.

A seguir, vamos retomar os elementos presentes no interior das células eucarióticas: as organelas membranosas ou sistema de endomembranas. Essas organelas ficam no citoplasma, cuja fração semifluida corresponde ao citosol.

3.2.4 Mitocôndrias

As mitocôndrias são responsáveis pela produção de ATP, molécula de energia destinada à atividade de todas as células que usam gás oxigênio (O_2) na respiração aeróbia. Como exemplos de atividades que gastam ATP nas células, podemos citar os movimentos realizados pelas células embrionárias para que cheguem até sua posição dentro de um embrião, bem como os movimentos que acontecem nas células musculares esqueléticas nas contrações.

Para tratarmos da morfologia dessa organela, é necessário abordar a **teoria da endossimbiose** (ou **teoria endossimbiótica**). Segundo essa teoria, as mitocôndrias foram, num passado bem distante, bactérias heterótrofas livres. Elas foram fagocitadas e mantiveram-se dentro das células hospedeiras, pois a convivência foi vantajosa para ambas. Atualmente, as células eucarióticas são repletas de mitocôndrias.

As células apresentam a quantidade, a forma e a distribuição de suas organelas de acordo com sua função. Por exemplo, a quantidade e o formato das mitocôndrias estão associados à função celular. Podemos citar a célula adiposa multilocular, que contém muitas mitocôndrias em seu citoplasma para a produção de calor (Junqueira; Carneiro, 2004). Outro exemplo são as células dos túbulos renais de mamíferos, que têm grande quantidade dessas organelas. Elas fornecem energia para os transportadores responsáveis pelo transporte ativo (Stanfield, 2014).

As mitocôndrias podem ter um formato mais alongado ou mais arredondado, e seu tamanho pode variar de 0,5 a 10 μm. Independentemente do formato, elas apresentam duas membranas: uma mais externa e outra interna. A membrana mais externa é lisa e assemelha-se às membranas de células eucarióticas.

Na membrana interna estão as enzimas para a produção de ATP (respiração celular). Ela é semelhante às membranas de bactérias e contém as cristas mitocondriais. Margeando as cristas mitocondriais, encontram-se a matriz mitocondrial e o espaço intermembranoso, usado para acumular prótons (H^+) para a produção de ATP. Por isso, as mitocôndrias são as organelas geradoras de energia das células (Tortora; Funke; Case, 2012).

A matriz mitocondrial é a porção interna da organela que contém água e várias outras substâncias, como o DNA circular (igual ao das bactérias), os três RNAs, os ribossomos livres e as enzimas do ciclo de Krebs. A maioria dos genes para as proteínas da mitocôndria está no núcleo celular.

Essas organelas mantêm sua quantidade nas células por meio de **fissão binária**, ou seja, crescem e dividem-se em duas de forma independente de outras organelas.

💡 Curiosidade

Você sabia que, quando é necessário fazer um teste de maternidade, é usado o DNA mitocondrial? Isso porque o DNA das mitocôndrias é de origem materna. Quando o espermatozoide fecunda o óvulo, não introduz nele suas mitocôndrias; por isso, em nossas células, há apenas mitocôndrias vindas do óvulo.

Em pesquisas sobre a filogenia das espécies, o DNA mitocondrial (mtDNA) pode ser usado, por exemplo, para estudar a evolução da ordem Lepidoptera (Rocha, 2013) e dos peixes (Sant'Anna, 2011).

3.2.5 Ribossomos

Os ribossomos são organelas granulares, não membranosas, presentes no citoplasma de todos os tipos celulares. Essas organelas podem ficar livres no citoplasma ou aderidas às membranas externas do retículo endoplasmático. Como mencionado anteriormente, as mitocôndrias e os cloroplastos também contêm ribossomos.

Essa organela, constituída de RNA ribossômico (RNAr) e de proteínas, forma-se no nucléolo, numa região chamada *centro organizador de ribossomos*. Nos eucariotos, os ribossomos passam pelo poro nuclear para atuar no citoplasma.

A unidade de medida para os ribossomos é a Svedberg (S), que corresponde à velocidade com que a subunidade do ribossomo sedimenta no fundo do tubo durante uma centrifugação. Nos procariotos, os ribossomos são 70S e, nos eucariotos, 80S.

A quantidade de ribossomos varia de acordo com o metabolismo celular. De forma isolada, ele não produz proteínas, visto que o RNAr também acomoda os RNAs mensageiro e transportador (RNAm e RNAt). Para a produção de proteínas, é necessário que o RNAr esteja formando um complexo com o RNAm e o RNAt, o qual permite a tradução de um gene em proteína. Nesse complexo, chamado *polissomas* ou *polirribossomos livres*, as proteínas formadas pelos RNAs permanecem livres no citoplasma da célula.

3.2.6 Retículo endoplasmático

O retículo endoplasmático é uma rede de túbulos achatados interconectados, seguida da membrana nuclear externa e constituída por lipídios, que forma membranas espalhadas pelo citoplasma. Quando o retículo tem **ribossomos** (grânulos de RNA e proteínas vindos do nucléolo) aderidos à sua membrana externa, ele é chamado de *retículo endoplasmático rugoso* (RER) ou *granular* e apresenta formato de canais, cisternas e bolsas delimitados por uma membrana. Quando os ribossomos estão ausentes, ele é chamado de *retículo endoplasmático liso* (REL) ou *agranular*.

Dentro do retículo, há várias enzimas e proteínas que regulam a formação de diversos tipos de proteínas. Durante a formação, elas são conduzidas para dentro das cisternas, onde são arranjadas de acordo com sua função e seu destino. Ali, as proteínas são glicosiladas, ou seja, recebem resíduos de carboidratos, de modo a formar as **glicoproteínas**. Do retículo, as proteínas seguem para as membranas da célula ou para fora dela. Existem também os ribossomos que ficam soltos no citoplasma e formam as proteínas que residem no interior das células (Purves et al., 2007).

O **REL** é uma extensão do **RER** e contém enzimas exclusivas para sintetizar ácidos graxos, fosfolipídios e esteroides. Os esteroides das células animais são os hormônios sexuais (dos testículos e dos ovários) e os hormônios esteroides da glândula adrenal. O retículo liso é, ainda, o reservatório dos íons cálcio, essenciais para diversas funções celulares (Campbell; Reece, 2005).

Como exemplo das funções do REL, podemos citar os hepatócitos humanos (células do fígado), nos quais há essas organelas em abundância. Nessas células, o REL apresenta enzimas que agem sobre substâncias tóxicas, transformando-as em compostos solúveis e fáceis de ser eliminados do corpo.

Sinapse

Drogas como barbitúricos e álcool induzem o aumento no tamanho do REL, ampliando a tolerância do organismo a essas substâncias. Por consequência, há o aumento das dosagens para se obterem os melhores efeitos das drogas ou medicamentos (Junqueira; Carneiro, 2004).

3.2.7 Complexo de Golgi ou corpos golgienses

O complexo de Golgi apresenta o formato de sacos achatados e empilhados, delimitados por membranas, parecidos com as cisternas do retículo – porém, aqui, não são interligados. Essa organela é organizada de forma polarizada: a porção voltada para o núcleo, chamada **face cis**, recebe as vesículas vindas do retículo (entrada no Golgi); a porção contrária, denominada **face trans**, as despacha (saída do Golgi).

O Golgi recebe vesículas de transição cheias de proteínas formadas e vindas do retículo. A fusão e o destaque dessas vesículas ocorrem ao longo da organela. O tráfego das proteínas entre as cisternas ocorre sempre em vesículas; em cada evento, novas vesículas são formadas e fundidas para liberar as proteínas nas cisternas, que são, então, modificadas, marcadas, estocadas e liberadas.

O destino das glicoproteínas é variado: elas podem permanecer no próprio citoplasma, migrar para as membranas, compor o glicocálice, formar as enzimas do lisossomo ou ser exportadas, como são os hormônios e o muco do sistema digestório.

Essa organela é especialmente desenvolvida em células especializadas em secreção – por exemplo, células produtoras de muco. A parede das células vegetais contém pectina e hemicelulose, que são polissacarídeos oriundos do complexo golgiense.

3.2.8 Lisossomos

Outra organela que compõe o sistema de endomembranas é o lisossomo. Essa vesícula de 1 µm, que brota da face trans do aparelho de Golgi, está repleta de muitas enzimas lisossômicas digestivas, próprias para digerir todo tipo de macromolécula (polissacarídeos, ácidos nucleicos, proteínas, fosfolipídios, lipídios etc.).

Como o pH dentro do lisossomo é baixo – ou seja, o meio é ácido (pH 5) –, caso a enzima extravase, o pH neutro do citoplasma impede sua ação.

No Quadro 3.3, listamos as enzimas e seu substrato.

Quadro 3.3 – Enzimas e substrato

Enzimas	Substrato
Proteases e sulfatases	Proteínas
Nucleases e fosfatases	DNA e RNA
Lipases e fosfolipases	Lipídios e fosfolipídios
Glicosidases	Polissacarídeos

Essa organela participa da alimentação de seres unicelulares de vida livre, como as amebas e outros protistas. Esses organismos endocitam (fagocitose) moléculas e partículas que ficam contidas em vesículas. Estas, ao se fundirem com os lisossomos, formam os **vacúolos digestivos** e são digeridas para, assim, gerar nutrientes para a célula (fonte de energia). Aquilo que não for utilizado será descartado pelo processo de exocitose de resíduos (clasmocitose).

Os vacúolos formados pelos lisossomos mais a organela são chamados de **autofagossomos**. Tudo aquilo que pode ser reaproveitado retorna ao citosol (Campbell; Reece, 2005).

📢 Sinapse

É impressionante a capacidade de reciclagem celular que ocorre nos tecidos dos seres multicelulares com a ajuda dos lisossomos. O fígado humano tem suas moléculas recicladas toda semana. Partes da célula, como mitocôndrias desgastadas/envelhecidas ou porções do citosol, são digeridas pelos lisossomos num processo chamado **autofagia**.

A autofagia igualmente é responsável pela metamorfose de lagartas em borboletas e pela regressão da cauda do girino. Ocorre autofagia também nas células vegetais; porém, a digestão das moléculas é feita no vacúolo central.

3.2.9 Peroxissomos

Os peroxissomos são organelas esféricas preenchidas com enzimas oxidativas e medem, aproximadamente, de 0,2 a 0,5 μm de diâmetro. São encontrados em abundância nas células do fígado e dos rins. Não fazem parte do sistema de endomembranas, sendo que seus componentes, lipídios e proteínas, têm origem no citoplasma (Campbell; Reece, 2005).

As oxidases usam oxigênio na remoção de átomos de hidrogênio de substratos como os aminoácidos, as purinas e o ácido lático, formando, assim, peróxido de hidrogênio (H_2O_2), substância oxidante que fica no citoplasma das células. Como essa molécula é muito reativa e danosa para os constituintes citoplasmáticos, para resolver esse problema, há nos peroxissomos a enzima catalase, que usa o peróxido de hidrogênio na oxidação de ácido fórmico, formaldeídos, metanol e etanol, o que, ao final, converte o peróxido de hidrogênio em água e oxigênio (VanPutte; Regan; Russo, 2016; Alberts et al., 2010).

3.2.10 Núcleo

Em 1831, o núcleo foi descrito pelo botânico escocês Robert Brown (1773-1858) (Raven; Johnson, 2001). Essa estrutura evoluiu de dobras e invaginações das membranas plasmáticas para envelope nuclear em procariontes. Isso segregou o material genético (DNA/cromossomos) do restante do citoplasma.

Todos os seres vivos são compostos por células, como já indicamos anteriormente. Mas será que todas as células eucarióticas contêm núcleo? E no caso daquelas que contêm, será que os núcleos têm o mesmo formato?

O núcleo acompanha o formato da célula. Por exemplo, células que revestem os vasos sanguíneos são achatadas (pavimentosas), e o núcleo acompanha esse formato. O mesmo acontece com as células do fígado (hepatócitos), cujo núcleo acompanha o formato esférico. Já as hemácias dos mamíferos, quando estão na corrente sanguínea, não contêm núcleo.

De fora para dentro, o núcleo apresenta o **envelope nuclear**, constituído por dupla membrana. Cada membrana é uma bicamada lipídica com proteínas. Esse envelope é perfurado pelos poros (100 nm de diâmetro), feitos por um arranjo de proteínas, chamado **complexo de poro**, que seleciona os produtos que entram ou saem do nucleoplasma (solução aquosa dentro do núcleo). Dessa forma, o núcleo consegue se comunicar com o citoplasma.

O núcleo das células é bem visível e organizado, mesmo em preparações simples, sem o uso de corantes ou contrastes. É possível ver uma ou mais estruturas, escuras e esféricas, dentro do núcleo, bem como o nucléolo (1 a 3 µm de diâmetro), como ilustra a Figura 3.5.

Figura 3.5 – Anatomia do núcleo celular com o nucléolo

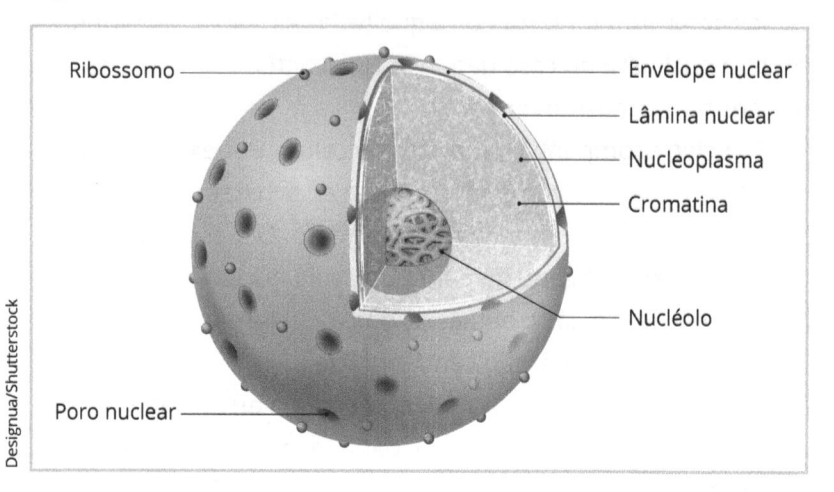

O nucléolo é complexo: nele estão porções de cromossomos que contêm genes para a produção de RNAr. Como o RNAr está envolvido com a síntese de proteínas, células com alta síntese proteica podem conter mais de um nucléolo – por exemplo, células embrionárias.

Na Figura 3.6, é possível observar as histonas envolvidas pelo DNA como se fossem carretéis. Essas proteínas são montadas no citoplasma e entram no núcleo através dos poros, assim como as enzimas relacionadas ao metabolismo nuclear.

Figura 3.6 – Organização dos cromossomos

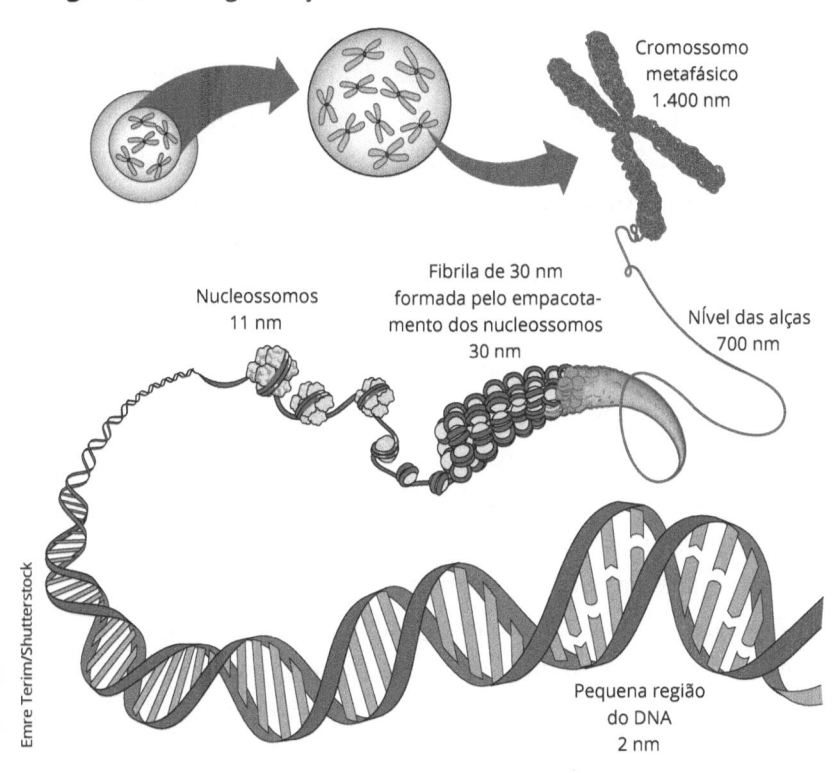

Cromossomo metafásico
1.400 nm

Nucleossomos
11 nm

Fibrila de 30 nm formada pelo empacotamento dos nucleossomos
30 nm

Nível das alças
700 nm

Pequena região do DNA
2 nm

Emre Terim/Shutterstock

    No caminho contrário, todas as receitas (RNAm) para a formação de proteínas saem do núcleo pelos poros nucleares. A resistência, o formato do núcleo e os poros são garantidos pela **lâmina nuclear**, constituída por filamentos intermediários (citoesqueleto) que ficam voltados para o nucleoplasma.

    Dentro do **nucleoplasma** está a cromatina (do grego *chromatos*, que significa "cor"), um complexo de DNA e de proteínas histonas e não histonas espalhado no núcleo. A **cromatina** é o conjunto de cromossomos que estão em um estado mais descondensado, ou seja, formando uma massa organizada pelas proteínas histonas (como se fossem carretéis).

Quando corado, o núcleo mostra algumas partes mais escuras do que outras. A explicação para isso é que a cromatina pode ser classificada como eucromatina ou heterocromatina. A **heterocromatina** é a parte altamente condensada dos cromossomos; já a **eucromatina** é mais frouxa e permite a ação de enzimas para ser copiada em RNA. Vale ressaltar que o DNA é um tipo de macromolécula muito protegido em uma célula, permanecendo confinado no núcleo.

Quando a síntese de alguma proteína é necessária, o núcleo orquestra a síntese de RNA. Essa macromolécula passa para o citoplasma para ser traduzida em proteína. Essa proteína pode ser de manutenção ou para exportação, como os anticorpos, os hormônios e os neurotransmissores.

Quando a divisão celular é requisitada, o DNA se duplica e mais uma série de eventos ocorre para que os cromossomos sejam condensados: eles se enrolam e formam um bastão grosso. Dessa maneira, é possível identificar os cromossomos como unidades. Cada um pode ser contado e identificado pelo tamanho, pela posição do centrômero (região de estrangulamento do cromossomo) e pelo tamanho dos braços. As espécies (seres vivos) contêm um número próprio de cromossomos – o ser humano, por exemplo, tem 46 cromossomos, sendo 22 pares autossômicos e um par sexual.

🔔 Sinapse

A mosca da espécie *Drosophila melanogaster* (mosca da fruta) tem 8 cromossomos nas células somáticas e 4 nas gaméticas. Essa espécie de mosca é um modelo de muita importância nas pesquisas com cruzamentos genéticos; prova disso é que, em 1910, o pesquisador Thomas Hunt Morgan já realizava experimentos com ela (Moore, 1986).

🔔 Vitaminas essenciais

Os cromossomos, formados de DNA, um tipo de ácido nucleico, são estruturas filamentosas formadas por genes, ou seja, contêm as receitas para a síntese das proteínas. Observe, na Figura 3.7, a classificação dos quatro tipos de cromossomos.

Figura 3.7 – Classificação dos cromossomos de acordo com a posição do centrômero

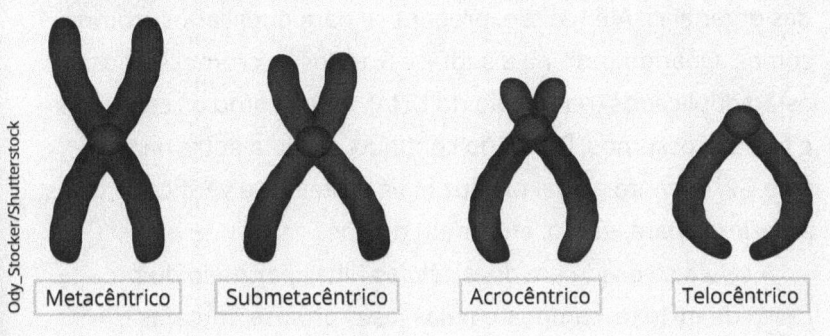

| Metacêntrico | Submetacêntrico | Acrocêntrico | Telocêntrico |

Ody_Stocker/Shutterstock

3.2.11 Ciclo celular

O ciclo de vida de uma célula eucariótica é formado por duas fases – interfase e mitose –, que acontecem de maneira alternada. Enquanto está na **interfase**, a célula mantém seu metabolismo e a síntese de suas proteínas. Esse período é o mais longo do ciclo e é subdividido nas subfases G1 (intervalo 1), S (síntese) e G2 (intervalo 2).

⚠ Fique atento!

Existem células que saem do ciclo celular e permanecem na subfase G0 (ou fase de repouso). Isso acontece com células que ficam muito tempo sem se dividir. Elas podem voltar ao ciclo celular quando estimuladas para a divisão (VanPutte; Regan; Russo, 2016).

Durante a subfase G1, a célula produz RNA e proteínas e aumenta a quantidade da membrana plasmática, bem como das organelas. Além disso, prepara-se para duplicar os cromossomos. Quando termina a subfase S, todos os cromossomos já estão duplicados (replicação do DNA), assim como os centríolos e os centrossomos. De modo contínuo, a célula entra na subfase G2, durante a qual produz mais proteínas e verifica as fases anteriores para, então, entrar em divisão.

A célula se divide em duas células-filhas por meio do processo de **mitose**, composto pelas fases prófase, metáfase, anáfase e telófase, como ilustrado na Figura 3.8. O processo de divisão do citoplasma é denominado *citocinese*.

Figura 3.8 – As fases da mitose

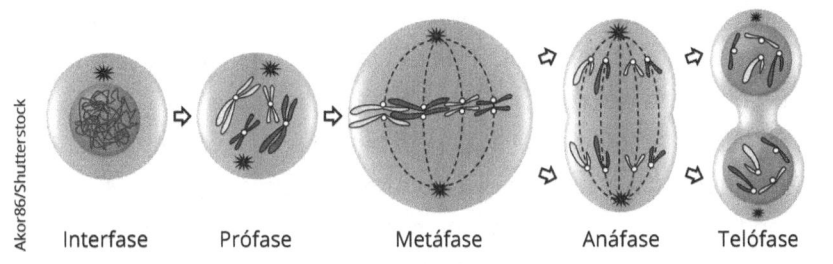

Interface   Prófase   Metáfase   Anáfase   Telófase

Na **prófase**, a cromatina começa a se condensar – é possível observar os cromossomos no microscópio óptico – e a formar os cromossomos mitóticos. De modo simultâneo, ocorrem a movimentação dos centríolos em direção oposta e a montagem dos microtúbulos. Mais ao final do processo, o envoltório nuclear e o nucléolo desaparecem.

Durante a **metáfase**, todos os cromossomos duplicados (duas cromátides) permanecem alinhados no centro da célula e ligados aos microtúbulos por meio de seu centrômero.

Na **anáfase**, há a separação das cromátides, as quais são puxadas pelos microtúbulos para polos opostos da célula.

Na **telófase**, os cromossomos já se encontram nos polos opostos da célula. Ocorrem a descondensação dos cromossomos – que voltam ao estágio de cromatinas –, a reorganização do envoltório nuclear e o reaparecimento do nucléolo.

Ao final do processo de divisão dos cromossomos, na **citocinese**, a célula começa a dividir o citoplasma. Assim, formam-se duas células-filhas com todos os componentes que estavam presentes na célula-mãe. Se essas células receberem estímulo, começarão um novo processo de divisão.

As células da linhagem germinativa (diploide = 2n) fazem a divisão do tipo meiose para a formação de gametas (haploide = n). Para entender a meiose, é necessário entender também o valor C. Esse é o conteúdo de DNA presente em um complemento haploide (n). Uma célula diploide (2n) apresenta dois conjuntos de cromossomos, ou seja, dois pares.

A célula haploide é C e a célula diploide é 2C. Após a subfase G2 da meiose, a célula em divisão terá 4C, pois cada cromossomo terá duas cromátides. Por isso, a célula terá o dobro de cromossomos quando comparada com a subfase G1, como podemos perceber no Gráfico 3.1, que mostra a interfase (G1, S e G2), a meiose I e a meiose II.

Gráfico 3.1 – Gráfico da meiose

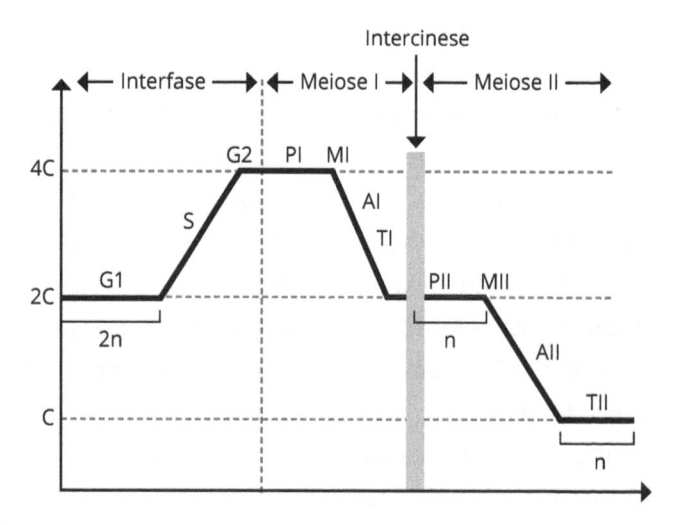

É possível afirmar que a meiose é o processo de divisão celular no qual o número de cromossomos é reduzido pela metade nas quatro células-filhas haploides (n). Essa redução é o resultado de uma replicação do DNA e de duas divisões consecutivas: a meiose I e a meiose II. A característica de cada uma delas é ser subdividida em quatro fases. Entre as duas meioses, acontece a **intercinese**, que é a transformação de células diploides em haploides, como demonstra A Figura 3.9.

Figura 3.9 – Fases da meiose

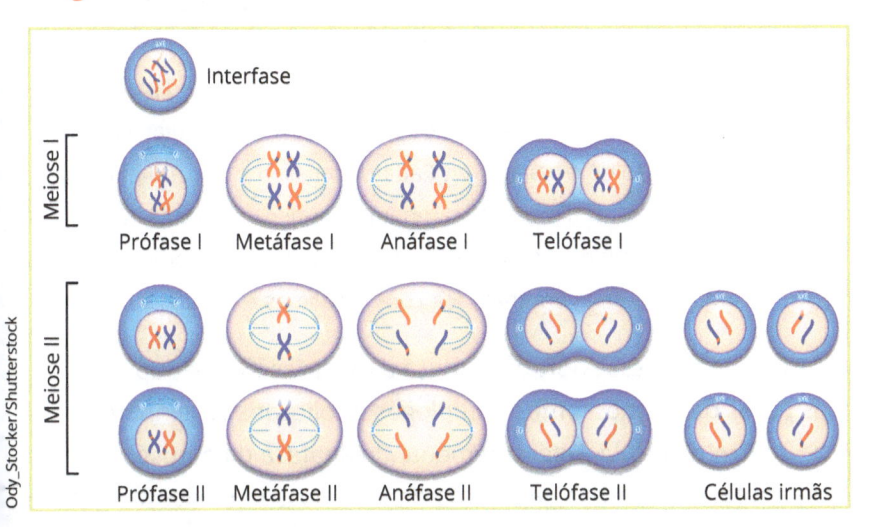

Na **meiose I**, ocorrem as seguinte etapas: prófase I, metáfase I, anáfase I e telófase I. Já na **meiose II**, ocorrem estas etapas: prófase II, metáfase II, anáfase II e telófase II.

A **prófase I** é composta por cinco estágios importantes para a formação dos gametas. Garcia e Fernández (2012, p. 36-37) assim descrevem esses estágios:

> A prófase I da meiose costuma ser subdividida em cinco estágios: leptonema, zigonema, paquinema, diplomema e diacinese. No leptonema, ou estágio de filamentos finos, os filamentos cromatínicos maternos e paternos estão dissociados e desindividualizados. No zigonema, os filamentos cromatínicos materno e paterno se associam entre si (zigomai = casa-se). É nesse estágio

que ocorre o *crossing over*, resultando na troca de material genético materno e paterno, não podendo ser isso observável em técnicas comuns de microscopia. No estágio seguinte, paquinema, os filamentos cromatínicos materno e paterno engrossam-se e começam a individualizar-se. No diplonema, dá-se a cisão dos filamentos cromatínicos provenientes da mãe e do pai, ficando, desse modo, os cromossomos maternos e [...] paternos unidos apenas pelo quiasma ou pelos quiasmas. O quiasma é a visualização do *crossing over*. Cada cromossomo tem, no mínimo, um quiasma. O diplonema também é conhecido como estágio dictiado. O último estágio da prófase I é a diacinese, que se caracteriza pela terminalização dos quiasmas.

Logo após essa subfase, começa a **metáfase I**, quando os pares de cromossomos homólogos duplicados se alinham no centro da célula. Diferentemente da anáfase da mitose, na **anáfase I**, ocorre a separação dos cromossomos homólogos, quando cada membro do par se desloca para os polos opostos da célula.

A próxima subfase é a **telófase I**, na qual duas células haploides são formadas pela divisão do citoplasma. Sem que aconteça outra duplicação de DNA, a célula entra na **meiose II**. Da **prófase II** a célula passa para a **metáfase II**, quando os cromossomos duplicados são alinhados no centro da célula. Logo em seguida, na **anáfase II**, os cromossomos são carregados para polos opostos da célula, ou seja, acontece a separação das cromátides irmãs. Com a **telófase II**, são formadas quatro células-filhas haploides.

3.2.12 Cloroplastos

No citoplasma das células vegetais, existem estruturas chamadas *plastos* ou *plastídios*. Os amiloplastos (ou leucoplastos) não têm pigmentos com função de sintetizar amido, mas de reservá-lo, como ocorre em raízes e caules subterrâneos de determinadas plantas. Há, ainda, os cromoplastos, com pigmentos do tipo carotenoide, que dão a coloração amarela, laranja ou vermelha a algumas partes das plantas.

As células de seres eucariontes que fazem a fotossíntese, como protistas fotossintetizantes e plantas, contêm, no citoplasma, o plastídio **cloroplasto**. Medindo entre 2 e 7 μm, ele apresenta, em seu interior, o pigmento **clorofila**, que confere a cor verde às plantas.

A origem do cloroplasto é semelhante à da mitocôndria, com a diferença de que na formação do primeiro as bactérias que foram fagocitadas eram autótrofas (fotossintetizantes). Portanto, a teoria da endossimbiose também se aplica à formação dos cloroplastos, visto que essas organelas têm igualmente a membrana externa mais lisa e permeável e a membrana interna mais seletiva. Dentro dos cloroplastos, existe, ainda, um conjunto de outras membranas em forma de sacos empilhados, chamado de *tilacoides*.

É sobre as membranas interconectadas dos tilacoides que se encontra o pigmento clorofila. Os tilacoides são envolvidos por uma matriz fluida, chamada **estroma**. Nessa matriz, encontram-se muitas enzimas, vários tipos de proteínas, o DNA e ribossomos.

💊 Vitaminas essenciais

A fotossíntese é, em sua essência, a conversão da energia solar em energia química mediante o uso de água e dióxido de carbono (CO_2) para formar glicose e oxigênio (O_2). A glicose é estocada e utilizada pela própria planta como fonte de energia.

3.2.13 Vacúolo

Organela característica das células vegetais, o vacúolo é o local de armazenamento de diversas substâncias, como água, óleos, íons, pigmentos, açúcares, proteínas e enzimas. É formado por meio de vesículas oriundas do aparelho de Golgi e do RER. O vacúolo pode ocupar grande espaço no citoplasma, pois pode se encher ou esvaziar, dependendo da necessidade celular.

Sua membrana única (tonoplasto) regula o tráfego de substâncias vindas do citoplasma, que formam o suco celular (ou suco vacuolar), que tem composição diferente do citoplasma. Em algumas plantas, o vacúolo é responsável pela reserva de compostos secundários – por exemplo, pelo veneno para proteger contra predadores.

3.3 Características e fisiologia dos vírus

Os vírus são estruturas orgânicas relacionadas às mais diversas doenças. A síndrome da imunodeficiência adquirida (Aids), a gripe suína (causada pelo vírus H1N1) e o ebola, por exemplo, são patologias virais que podem levar à morte milhares de cidadãos. Isso porque a capacidade de mutação dos genes das proteínas da superfície desses vírus torna-os resistentes aos anticorpos produzidos pelo organismo hospedeiro (Tortora; Funke; Case, 2012).

Assim como outros organismos, os vírus também evoluíram, favorecidos por suas inúmeras mutações. Quando causam a morte de algumas plantas, por exemplo, os vírus estão contribuindo para sua evolução, ao selecionarem aquelas que são mais resistentes às doenças. Os vírus também podem ser uma forma de controle de pragas, pois, quando as parasitam, podem provocar sua morte, favorecendo as lavouras. Exemplo dessa situação é o controle biológico com entomopatógenos, como no caso da aplicação de vírus entomopatogênicos para o controle de mariposas (Machado; Sousa; Moscardi, 2017).

Vitaminas essenciais

Como já salientamos, ainda existe a polêmica sobre os vírus serem ou não organismos vivos, tanto que eles não estão inseridos em nenhum dos cinco reinos. No entanto, existe uma taxonomia estabelecida pelas pesquisas que classifica esses micro- -organismos de acordo com suas características físicas, químicas e biológicas (Stephens et al., 2009).

Os vírus apresentam metabolismo e capacidade de se multiplicar quando parasitam alguma célula. Quando estão fora das células, tornam-se inertes, algo característico de seres não vivos (Tortora; Funke; Case, 2012).

Suas dimensões são diminutas e variadas. Por exemplo, o vírus ebola mede 970 nm, o vírus da raiva mede 170 nm e o rinovírus mede 30 nm. Com esse tamanho, eles só podem ser observados ao microscópio eletrônico.

📌 Sinapse

O vírus como unidade é chamado de *vírion*. Um vírion é uma partícula viral completa e infecciosa, composta de um ácido nucleico envolto por uma cobertura de proteína, que o protege do ambiente e serve como veículo de transmissão de uma célula hospedeira para outra (Tortora; Funke; Case, 2012).

O limite entre o meio externo e o interno é proporcionado pelo envoltório chamado **capsídeo**. Essa estrutura simples é composta por subunidades proteicas chamadas **capsômeros**, cuja organização é característica para cada tipo de vírus (Tortora; Funke; Case, 2012).

Em alguns vírus, há, externamente ao capsídeo, um **envelope** composto por proteínas, lipídios e carboidratos. O herpes é um exemplo de vírus envelopado. É possível, ainda, que o envelope carregue porções da membrana da célula hospedeira, quando o vírus sai dela. Outro componente que pode fazer parte desse envelope são as **espículas**, que se projetam da superfície externa do envelope. Um exemplo de vírus com espículas é o Influenza A2.

Confira a seguir, na Figura 3.10, a representação de alguns vírus.

Figura 3.10 – Morfologia dos vírus

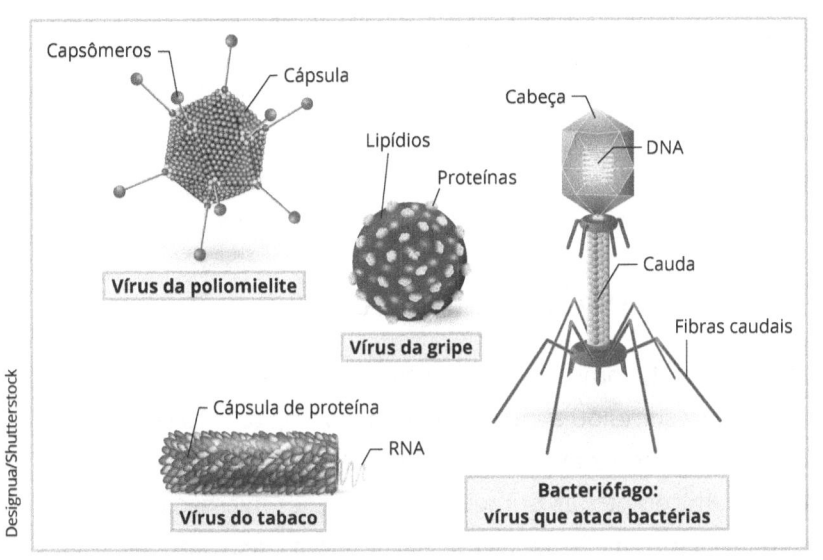

Como é possível perceber, há diversas formas de vírus, e sua classificação morfológica se baseia na estrutura do capsídeo, definida pelo seu material genético, o qual determina sua forma. No Quadro 3.4, apresentamos os tipos de vírus.

Quadro 3.4 – Tipos de vírus

Tipos	Aparência	Exemplos
Poliédricos	Semelhantes a uma esfera.	Poliovírus
Helicoidais	Semelhantes a bastonetes.	Causam raiva e febre hemorrágica.

(continua)

(Quadro 3.4 – conclusão)

Tipos	Aparência	Exemplos
Envelopados	Envoltos por envelope.	Poliédricos envelopados (vírus do herpes). Helicoidais envelopados (Influenza).
Complexos	Capsídeo (cabeça) poliédrico e bainha helicoidal. Na cabeça do vírus está o genoma viral.	Vírus de bactéria (bacteriófago).

Fonte: Elaborado com base em Raven; Johnson, 2001; Tortora; Funke; Case, 2012.

3.4 Técnicas de microscopia

No Capítulo 1, comentamos que a curiosidade que move os cientistas estimulou a invenção do microscópio, feito realizado em 1591 por Hans Janssen e seu filho Zacharias, fabricantes de óculos. Entretanto, as primeiras observações microscópicas sistemáticas foram efetuadas por Antonie van Leeuwenhoek (1632-1723), que fabricou um **microscópio simples**, de lente única e esférica. Ele observou embriões de plantas, células vermelhas do sangue, sêmen e micróbios (micro-organismos).

O pesquisador inglês Robert Hooke (1635-1703) observou cortes de cortiça – um tecido vegetal morto que compunha a casca de árvore – e constatou que eles tinham pouca densidade e eram constituídos por caixinhas vazias, as quais chamou de *cell* (que significa "cela"*, "cavidade"). Para isso, Hooke usou um **microscópio composto** (Figura 3.11), que tinha duas lentes em um tubo de metal. Uma lente era a ocular e a outra, que ficava perto do material observado, era a lente objetiva.

---

* O termo *célula* provém do diminutivo de *cela*.

Figura 3.11 – Microscópio composto utilizado por Hooke

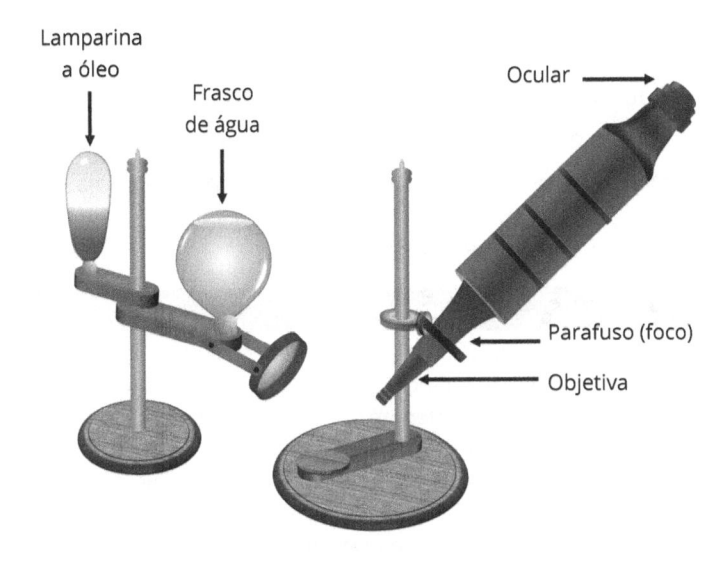

Outros pesquisadores, que se sentiram motivados para analisar partes vivas de plantas, perceberam que as células eram preenchidas por líquido gelatinoso, chamado atualmente de *citoplasma*. Os animais também apresentaram essas características, porém sem a parede espessa.

O botânico escocês Robert Brown (1773-1858) descobriu que as células animais e vegetais continham, no citoplasma, o núcleo. Com base em várias pesquisas em diferentes células, descobriu-se a presença de uma película que delimitava o citoplasma, atualmente conhecida como *membrana plasmática*. Nos vegetais, essa estrutura apresentava, mais externamente, a **parede celular**.

Dessa forma, no início do século XIX, foram descobertas as partes que dividem a célula (membrana, citoplasma e núcleo). As inovações tecnológicas e os recursos em microscopia vêm mudando ao longo do tempo e têm proporcionado novas descobertas sobre as estruturas celulares e seus princípios básicos. Confira no Quadro 3.5 alguns exemplos de microscopia.

Quadro 3.5 – Tipos de microscopia

	Microscopia fotônica
De contraste de fase	As estruturas celulares são iluminadas por anéis de interferência – halos concêntricos de bandas claras e escuras. Isso gera o contraste pela interferência entre as luzes difratada e não difratada pela estrutura celular. Quando a luz passa através da célula, a fase de onda luminosa varia conforme o índice de refração da célula (a luz que passa por uma estrutura densa, como o núcleo, vai se atrasar em relação à luz que passou por uma estrutura menos densa, como o citoplasma).
De fluorescência	Uso de colorações fluorescentes para localizar proteínas dentro da célula. Usa-se anticorpo específico contra o componente de interesse.
Confocal	Variante do microscópio de fluorescência. Permite a observação detalhada, no computador, de diversos planos de foco da estrutura e a reconstrução tridimensional da estrutura observada.
	Microscopia eletrônica
De transmissão	Com esse microscópio, é possível visualizar o interior das células (suas organelas) e o citoesqueleto. Lentes eletromagnéticas focam um feixe de elétrons de alta velocidade na amostra. Todo o conjunto de equipamentos do aparelho fornece a imagem para uma tela de observação. Para serem visualizadas no microscópio eletrônico de transmissão, as amostras devem ser fixadas, desidratadas, embebidas em plástico (resina), cortadas em ultramicrótomo e contrastadas com metal pesado elétron-denso.

(continua)

(Quadro 3.5 – conclusão)

Microscopia eletrônica	
De varredura	As amostras sem cortes e revestidas por metal são escaneadas por um feixe de elétrons do microscópio. A imagem tridimensional formada corresponde à superfície da amostra.
De varredura de tunelamento (o sensor é uma sonda de ponta metálica)	Tipo de microscopia que possibilita ver, medir ou manipular átomos ou moléculas. Com essa tecnologia, é possível estudar a superfície de moléculas como as proteínas, os ácidos nucleicos e também membranas celulares. Utiliza-se uma sonda para mapear (escanear) a superfície das amostras. Essa tecnologia é vantajosa com relação aos demais tipos de microscopia eletrônica porque apresenta menor custo. Além disso, foi a partir dela que foram inventados outros microscópios de varredura por sonda. Os aparelhos que compõem o microscópio são a sonda sensora, as cerâmicas de fixação do material, os circuitos para controlar a posição da sonda e computador.
De varredura por sonda	Microscopia de força atômica – ponta condutora. Microscopia de campo próximo – fibra ótica. Microscopia de força magnética. Microscopia de força eletrostática.

Fonte: Elaborado com base em Alberts et al., 2010; Herrmann et al., 1997; Lodish et al., 2014; Neves; Vilela; Andrade, 1998.

O microscópio de rotina, como demonstra a Figura 3.12, permite enxergar dois pontos a uma distância de até 0,2 µm. Esse é o poder de resolução de um microscópio. Assim, não importa quantas vezes a imagem seja aumentada, o microscópio fotônico não individualiza dois pontos numa distância menor (Lodish et al., 2014).

Figura 3.12 – Microscópio fotônico

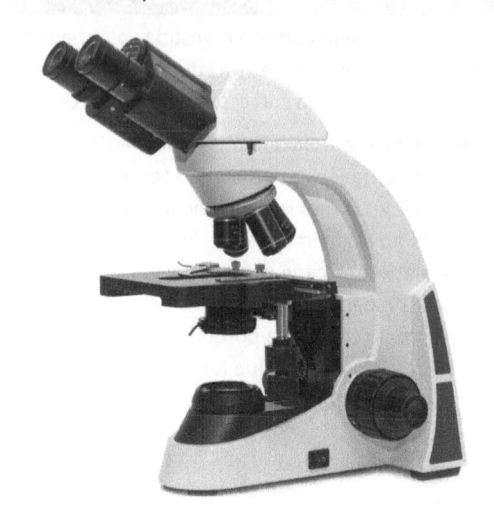

kwanchai.c/Shutterstock

3.4.1 Microscopia fotônica ou microscopia de luz

Por meio da microscopia de luz, observam-se as células que formam os tecidos (histologia) ou células isoladas (citologia). Quando se compara a amostra controle com aquelas que estão sendo testadas, obtêm-se resultados para diagnosticar possíveis doenças em humanos (histopatologia ou citopatologia) ou qualquer outro ser vivo.

Nas pesquisas científicas sobre impactos ambientais, para saber como está a saúde de determinado ambiente, analisam-se os tecidos de animais presentes em ambientes saudáveis e comparam-se essas amostras com os mesmos tecidos presentes em animais do ambiente degradado.

Esses são apenas alguns exemplos. Você já pensou nas inúmeras possibilidades de uso das técnicas em microscopia? Dependendo do objetivo da pesquisa/análise, podem ser aplicadas algumas variações a essas técnicas (Junqueira; Carneiro, 2004).

A seguir, apresentaremos um exemplo de metodologia de preparação de material para microscopia de luz.

Preparação de material para microscopia de luz: da fixação até a montagem das lâminas

A fixação interrompe a degradação ou as mudanças das características morfológicas e bioquímicas das células. As técnicas em microscopia têm como objetivo evidenciar nos tecidos estruturas, células com organelas e/ou moléculas. Nesse sentido, a coloração visa destacar elementos específicos das células.

Para preparar e processar o material biológico para análise em microscopia fotônica, um fragmento dos tecidos de interesse deve ser **fixado** por imersão em Bouin por 12 horas. A solução fixadora precisa ser preparada na seguinte concentração: 75 ml de solução saturada de ácido pícrico, 25 ml de formol 40% e 5 ml de ácido acético glacial. Em seguida, deve ser lavado por 30 minutos em água corrente, podendo ser deixado em álcool 70% até o início do protocolo da desidratação.

A **desidratação** consiste na substituição completa da água do material biológico por álcool. Utilizam-se soluções alcoólicas crescentes: o material deve ser mergulhado, respectivamente, em álcoois 80%, 90% e 95% – uma hora e meia em cada concentração; por último, deve ficar três vezes de 30 minutos em álcool 100%.

A próxima etapa do processo é a **diafanização**, que consiste na substituição, no fragmento, do álcool pelo xilol. O material biológico estará completamente diafanizado quando a aparência do tecido se tornar translúcida. As etapas da diafanização são as seguintes:

- banhos de xilol e álcool 1:1 por 1 hora;
- banho de xilol puro por 1 hora;
- banho de xilol puro por mais 15 minutos.

Depois dessas etapas, o material estará pronto para ser **emblocado**. Para isso, é preciso passar pela etapa de **inclusão**, que consiste em impregnar o material com parafina 60 °C ou resina Paraplast 56 °C (fundidas). Retira-se o xilol do frasco e acrescenta-se a parafina/resina. O material deve permanecer na estufa por duas horas.

Por último, embloca-se o material, que deve ser mantido na geladeira para facilitar o manuseio no micrótomo (Figura 3.13). Os cortes devem ter de 5 a 7 µm de espessura e ser distendidos sobre lâminas já cobertas por albumina 1% para facilitar sua adesão à lâmina. Já na lâmina, os cortes devem ser colocados na estufa por 15 minutos a 45 °C para fixá-los melhor na lâmina.

Figura 3.13 – Micrótomo

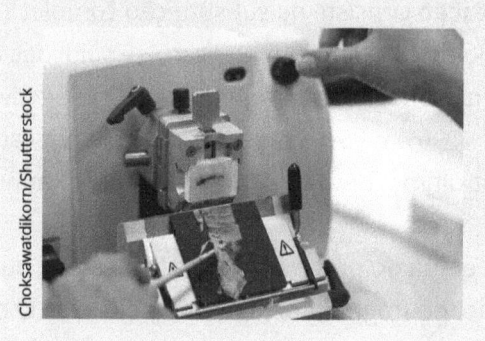

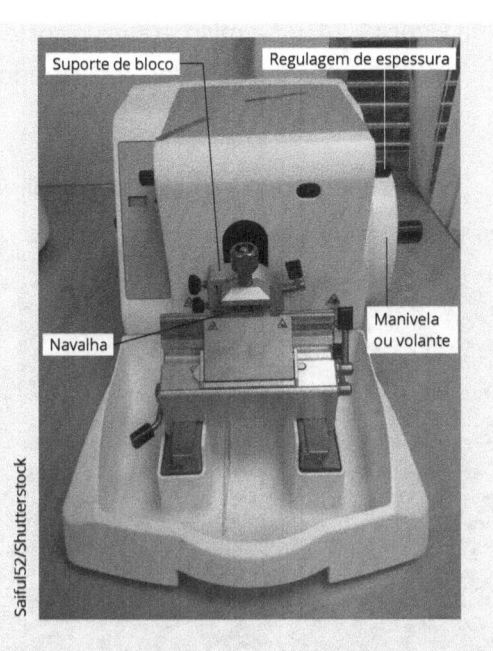

Fonte: Elaborado com base em Santos, 2003.

Na **histoquímica** (ou **técnicas de coloração**), os corantes agem como ácidos ou bases, fazendo ligações salinas com radicais ionizáveis presentes nos tecidos. Os componentes que coram com corantes básicos são chamados **basófilos**, e aqueles que coram com corantes ácidos são os **acidófilos**.

Os corantes hematoxilina e eosina, conforme o protocolo padrão de preparo, são usados para a marcação do citoplasma e do núcleo das células; o corante Novelli, para marcar as mitocôndrias; a técnica de PAS (*Periodic Acid-Schiff*), para identificar polissacarídeos neutros; e o corante Alcian Blue, para marcar, nas células de muco, as glicosaminoglicanas.

Observe, na Figura 3.14, uma micrografia de corte do tecido renal de mamífero. Perceba que o núcleo está corado em roxo e o citoplasma em cor-de-rosa.

Figura 3.14 – Tecido renal com corantes (hematoxilina/eosina)

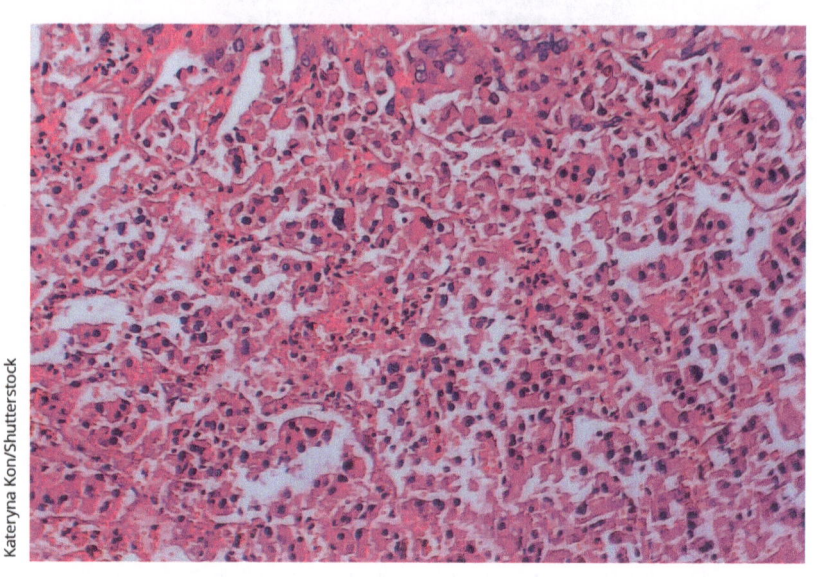

Kateryna Kon/Shutterstock

As lâminas, depois de coradas, devem ser desidratadas para preservação do material. Utiliza-se uma série crescente de álcoois 90% por 5 minutos, de álcoois 100% por 5 minutos (duas vezes), de álcool e xilol 1:1 por 5 minutos e de xilol puro por 5 minutos (duas vezes). Após esse procedimento, a lâmina estará pronta para receber uma lamínula sobre os cortes e ser estudada (Lodish et al., 2014).

3.4.2 Ultraestrutura dos tecidos – microscopia eletrônica de transmissão (MET)

A seguir, apresentaremos um protocolo para a preparação de material para observação da ultraestrutura dos componentes celulares.

O tecido é fixado por imersão em solução de fixação primária (no gelo) por duas horas. O fixador primário deve conter glutaraldeído 2,5% e paraformaldeído 200 mM em tampão de cacodilato de sódio 100 mM. Em seguida, os fragmentos dos tecidos têm de ser lavados três vezes (5 minutos cada) em solução-tampão contendo os mesmos sais do fixador primário, porém sem os aldeídos. Na sequência, devem ser pós-fixados em tampão cacodilato com sais, na mesma composição salina do fixador primário, e tetróxido de ósmio 1% por uma hora e meia, em gelo.

Os fragmentos devem ser desidratados em série alcoólica de 50% a 100%: 10 minutos em álcool 50%; 10 minutos em álcool 70%; 10 minutos em álcool 95%; e duas vezes de 15 minutos em álcool 100%. Posteriormente, devem ser transferidos para óxido de propileno (2 vezes de 15 minutos), sendo infiltrados por uma hora em mistura 1:1 de óxido de propileno e resina Araldite 502. Por fim, durante a noite, devem ser colocados em mistura 1:3 de óxido de propileno e resina.

No dia seguinte, os fragmentos devem ser transferidos para resina pura, permanecendo uma hora, a 45 °C, em frasco aberto. Por fim, devem ficar 24 horas, a 60 °C, nas fôrmas para polimerização.

Os fragmentos devem ser colocados para emblocar em posição transversal (quando possível). Os cortes semifinos (500 nm) e finos (50 nm) precisam ser feitos em ultramicrótomo – os cortes semifinos, com navalhas de vidro; os cortes finos, com navalha de diamante (*Delaware Diamond Knives*).

Os cortes semifinos devem ser corados com azul de toluidina 1%, em bórax aquoso (1%), e fotografados no fotomicroscópio. Já os cortes finos devem ser contrastados com acetato de uranila 5% e citrato de chumbo (Reynolds, 1963), examinados ao microscópio eletrônico de transmissão, a 80 kV de voltagem acelerante.

Os sais de metais pesados são os corantes nessa técnica; por isso, a imagem sempre é obtida em preto e branco. Na Figura 3.15, indicamos a imagem de mitocôndrias. Nela, é possível visualizar as partes dessa organela.

Figura 3.15 – Micrografia de mitocôndria (corte longitudinal)

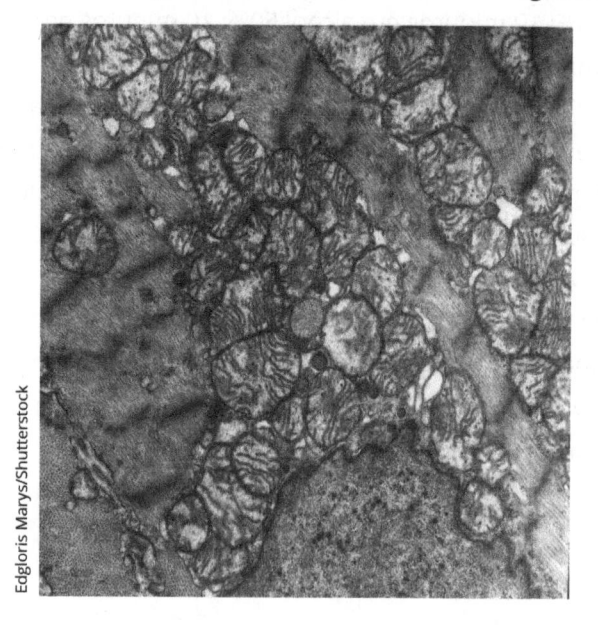

Edgloris Marys/Shutterstock

Pela microscopia eletrônica de transmissão, é possível obter imagens de alta resolução e, dessa forma, observar a complexidade do interior das células.

Síntese proteica

Neste capítulo, abordamos a citologia, ciência dedicada ao estudo das células, que são as unidades formadoras dos seres vivos. As estruturas presentes nas células permitem que elas sejam identificadas e, consequentemente, que os organismos sejam classificados. Conforme ressaltamos, a utilização da microscopia possibilitou identificar as diferenças entre as células.

Na sequência, explicamos que as células procarióticas apresentam o material genético livre no citoplasma. São células menos complexas do que as eucarióticas, que contêm um núcleo e um citoplasma com muitas organelas. No que se refere às células eucarióticas, apontamos as diferenças entre as células vegetais e as animais, como a presença da parede de celulose e do cloroplasto nas primeiras e a ausência dessas estruturas nas segundas.

Também esclarecemos que as células contêm membrana plasmática, estrutura que controla a entrada e a saída de substâncias. Esse controle é feito pelas proteínas transportadoras (ou proteínas canais). Esse transporte pode acontecer de forma passiva, sem gasto de ATP (trifosfato de adenosina), ou de forma ativa, com gasto de ATP. Salientamos que as células apresentam especializações de membranas, como os flagelos e os cílios, para locomoção ou movimentação de partículas. As microvilosidades também são especializações, as quais aumentam a área de absorção da membrana.

Explicamos, ainda, que entre as células existem junções que as mantêm coesas para a formação dos tecidos. Destacamos cada organela e a função que exerce na célula, bem como algumas consequências para o organismo quando ela não funciona bem.

Além disso, apresentamos as moléculas que formam o envoltório nuclear, bem como o nucleoplasma. Ressaltamos que no núcleo estão os cromossomos, classificados de acordo com a posição do centrômero. Quando a célula recebe estímulo para se duplicar, ela avança nas fases do ciclo celular. As fases são a interfase, composta pelas fases G1, S e G2, e a mitose, composta pelas fases de prófase, metáfase, anáfase, telófase e citocinese. O tipo de divisão para a formação das células gaméticas é a meiose, e suas fases são a meiose I e a meiose II.

Em seguida, mostramos que o vírus é um agregado de biomoléculas com morfologia e funções conhecidas; porém, destacamos que ainda não existe um consenso quanto ao fato de ele constituir-se ou não em um ser vivo.

Por fim, abordamos brevemente as técnicas de microscopia e sua tipologia.

Prescrições

Filme

PARA SEMPRE Alice. Direção: Richard Glatzer e Wash Westmoreland. EUA/França. Diamond Films, 2014. 101 min. Esse filme retrata a realidade devastadora da doença de Alzheimer, caracterizada pela redução no tamanho e no número de células nervosas (neurônios) em determinadas partes do cérebro.

Vídeo

COLORAÇÃO de Gram – na prática. **LABFácil**, 7 ago. 2020.
Disponível em: <https://www.youtube.com/watch?v=1f_m-Ruhvck>. Acesso em: 7 out. 2020.
Confira nesse vídeo como o método de coloração de Gram é aplicado na prática.

Testagem

1. As especializações de membrana promovem o deslocamento da célula ou o movimento de partículas sobre ela e aumentam a área de absorção sem aumentar o espaço ocupado pela membrana plasmática. Entre os tipos de especialização, qual é formada por microfilamentos de actina?

    A Os cílios.
    B As microvilosidades.
    C Os flagelos.
    D Os desmossomos.
    E Os axônios.

2. As membranas plasmáticas são constituídas de proteínas e de fosfolipídios, por isso seu modelo é do tipo mosaico fluido, que também possibilita permeabilidade seletiva. Assinale a alternativa que indica os processos realizados pela membrana plasmática:

    A Reconhecimento de outras células e produção de proteínas.
    B Separação dos componentes do citoplasma do meio extracelular e produção de ATP.

C Seleção de tudo o que entra ou sai da célula e reparação de moléculas.
D Adesão entre células vizinhas e duplicação de DNA.
E Seleção de tudo o que entra ou sai da célula e reconhecimento de células vizinhas.

3. Diversas moléculas são necessárias para o metabolismo celular. Essas substâncias devem atravessar a membrana e atingir o citoplasma ou mesmo o núcleo (nos eucariontes). Existem proteínas transportadoras que são específicas para os tipos de produto a serem transferidos. No entanto, há substâncias que atravessam a membrana livremente, por meio de um transporte chamado *difusão simples*. Assinale a alternativa que indica corretamente a substância que atravessa a membrana por difusão simples:

    A Glicose.
    B Íons sódio.
    C Gás oxigênio.
    D Aminoácidos.
    E Íons potássio.

4. As células eucariontes animais e vegetais compartilham organelas; porém, as células vegetais têm organelas exclusivas, como:

    A núcleo e vacúolo central.
    B cloroplastos e vacúolo central.
    C parede de celulose e mitocôndria.
    D núcleo e parede de celulose.
    E cloroplastos e mitocôndrias.

5. Por meio da microscopia de luz, ou microscopia fotônica, é possível observar as células que estão formando os tecidos (histologia) ou observar células isoladas (citologia). Para serem observáveis, as células formadoras dos tecidos necessitam de coloração (histoquímica) para destacar as organelas e as inclusões. Assim, os corantes agem como ácidos ou bases, fazendo ligações salinas com radicais ionizáveis presentes nesses tecidos. Os corantes hematoxilina/eosina são muito usados em técnicas comuns de coloração e, conforme o protocolo padrão de preparo, fazem a marcação, respectivamente:

- **A** das mitocôndrias e do núcleo.
- **B** do núcleo e do citoplasma.
- **C** de muco e da parede de celulose.
- **D** dos lisossomos e das mitocôndrias.
- **E** do citoplasma e do núcleo.

Laboratório

Análise biológica

1. Cite duas maneiras de os micro-organismos afetarem nossa vida. Descreva suas observações e reflexões em um texto.
2. De que forma é possível relacionar algumas doenças humanas às organelas?

Experimentação

1. Visite o *site* do Núcleo de Ensino, Pesquisa e Extensão em Biologia Celular da Universidade Federal do Paraná (Nuepe/UFPR). Verifique os temas que podem complementar os conteúdos de suas aulas e elabore fichas de apoio para desenvolvê-las.

    NUEPE – Núcleo de Ensino, Pesquisa e Extensão em Biologia Celular. Disponível em: <http://www.nuepe.ufpr.br/blog/?page_id=33>. Acesso em: 7 out. 2020.

CAPÍTULO 4

Ivonete Aparecida dos Santos

CLASSIFICAÇÃO BIOLÓGICA DOS REINOS E DOMÍNIOS,

Qualquer pessoa pode se impressionar com a diversidade de seres vivos que a rodeia. Em casa, no campo, na praia, dentro e fora da água, no gelo ou no deserto, é notório que ocorrem relações entre todos os seres vivos. Por exemplo, os seres heterótrofos dependem dos seres autótrofos fotossintetizantes, que produzem o gás oxigênio (essencial para a diversidade atual da vida na Terra) e fixam o carbono na forma de glicose, fonte de energia para muitos seres vivos.

Essa mesma pessoa poderia se perguntar: O que ocorreu para que essa diversidade de vida fosse estabelecida? Como se chegou até aqui? Será que ainda se formam novos seres? Ou será que nada mais precisa mudar ou se formar? Como será que ficará a vida dos seres vivos daqui para a frente?

A ciência é dinâmica e os pesquisadores se valem das inovações tecnológicas e de suas ferramentas para explicar fenômenos naturais de diversas ordens. Muitas teorias já foram formuladas para propor uma explicação para a origem e a manutenção da vida no planeta. Por exemplo, a teoria da abiogênese foi criada mediante o argumento de que os seres vivos surgiram da matéria inanimada. De acordo com essa teoria, panos sujos dariam vida a baratas e ratos, assim como pântanos originariam sapos.

A teoria da panspermia defende que o surgimento da vida ocorreu em outros planetas, alcançando apenas posteriormente a Terra. As teorias do criacionismo e do fixismo, por sua vez, pregam que todos os seres vivos foram criados por uma força superior (divindade) e que, desde então, nada mais mudou. Em outras palavras, essas teorias sustentam que todos os seres mantiveram a mesma forma desde sua criação.

Já a teoria da evolução bioquímica dos seres vivos sugere que a vida surgiu na água e que as bactérias heterótrofas foram os primeiros seres vivos.

Independentemente da teoria mais aceita, o fato é que a Terra está repleta de seres vivos. Essa diversidade de organismos é produto de milhares e milhares de anos de evolução. Diante dessa variedade de seres vivos que se relacionam, surgiu a necessidade de separá-los e classificá-los. Como já destacamos no Capítulo 1, a ciência que trata dessa classificação é a sistemática, que constitui a base da biologia comparada. Essa área cria hipóteses sobre as relações de parentesco evolutivo entre os organismos, sejam eles atuais, sejam eles extintos. Neste capítulo, explicaremos a organização e a classificação dos seres vivos.

4.1 Conceitos e critérios de classificação dos seres vivos em reinos e domínios

A necessidade de categorização dos seres vivos surgiu na Grécia Antiga, com o filósofo Aristóteles (384-322 a.C.). Seu modo de classificação tinha como fundamento a morfologia: os seres parecidos eram colocados na mesma categoria taxonômica; então, as espécies eram consideradas próximas ou distantes em função de sua morfologia (sistemática clássica). Seus conceitos foram aceitos por mais de dois mil anos.

No século XVIII, o botânico, zoólogo e médico sueco Carl von Linné (1707-1778) propôs categorias hierárquicas entre os organismos: ele agrupava, como Aristóteles, os organismos com base em similaridades. Para ele, adepto da teoria do criacionismo e do fixismo, os organismos eram imutáveis. Mesmo assim, tinha interesse em esclarecer a ordem natural das coisas.

Muitos cientistas tentaram explicar os organismos, mas não usavam critérios claros para descrever a lógica dos agrupamentos propostos. No entanto, todos concordavam, até então, que os organismos não tinham formas intermediárias. No século XIX, Charles Darwin (1809-1882), naturalista inglês, demonstrou com seus estudos que os organismos mudam ao longo do tempo. Ele citou a descendência com modificação para justificar a teoria da **evolução das espécies**, segundo a qual todos os seres vivos têm um ancestral comum. A partir da proposição dessa teoria, mudanças no entendimento da classificação dos seres começaram a ser delineadas.

Sinapse

Um naturalista alemão contemporâneo a Darwin, Ernst Haeckel (1834-1919), criou as primeiras **árvores filogenéticas**, representações gráficas que ilustravam as relações de parentesco entre os seres vivos. Contudo, por uma série de inconsistências, seus padrões não são aceitos atualmente.

No século XX, o entomólogo alemão Willi Hennig (1913-1976) propôs métodos que complementavam as descobertas de Darwin, ou seja, fundamentados em suas histórias evolutivas e nas relações de parentesco evolutivo entre os seres (filogenia). Surgiu, assim, a **escola sistemática filogenética** (também conhecida como **escola cladística**), que propunha um novo método de classificação dos seres vivos. O método investiga, comparativamente, as linhagens, as derivações e as relações de parentesco (ou filogenéticas) entre os seres.

Esse modelo de classificação é muito importante para a compreensão da biologia de 1,5 milhão de espécies de organismos conhecidos. Entretanto, estima-se que ainda falta estudar de 5 a 100 milhões de espécies, que, à medida que forem sendo identificadas, poderão ser colocadas em suas posições evolutivas diante das demais.

Para demonstrar a relação evolutiva dos seres vivos, os sistematas usam as **árvores da vida** (diagramas de ramos ou cladogramas) de forma analógica ao local em que posiciona cada espécie. Como ilustra Figura 4.1, as árvores filogenéticas apresentam as relações entre os organismos em escala temporal. Elas revelam que todos os seres vivos estão conectados a um único ancestral comum, já extinto.

Figura 4.1 – Árvore da vida

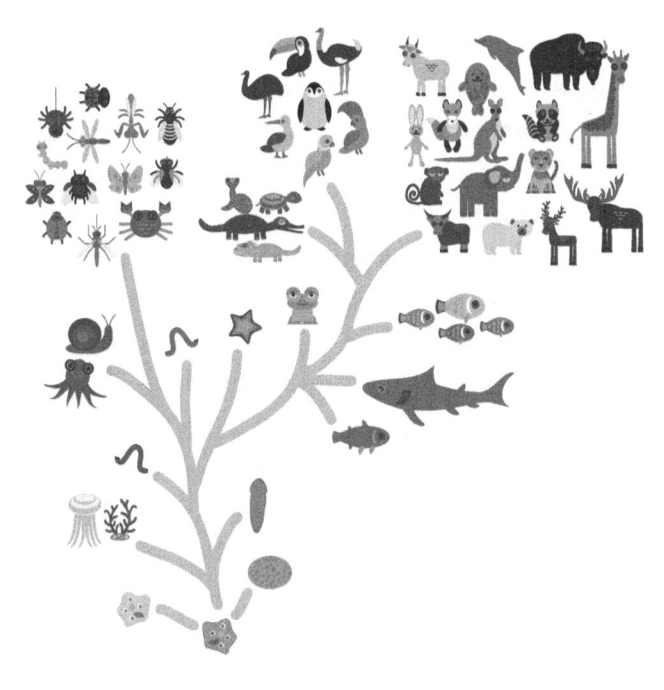

EkaterinaP/Shutterstock

Na **sistemática filogenética** ou **cladística**, ocorre a formulação de hipóteses mais robustas sobre as diferenças e as relações entre as espécies. As espécies (**táxon**) derivam umas das outras (**filogenia**), sendo possível estudar qualquer característica ou novidade evolutiva dos seres vivos. Ao testar hipóteses sobre as relações, a cladística explica que a evolução acontece por meio de muitas transformações, como o surgimento de uma característica dentro de uma espécie ao longo de muito tempo.

O conjunto dessas mudanças é denominado **anagênese**. Após muitas anagêneses, pode ocorrer a **cladogênese**, que é uma bifurcação no diagrama (cladograma) que forma duas novas espécies que não se relacionam mais entre si (ou seja, especiação). A espécie ancestral desaparece nessa fase.

Um cladograma é construído de acordo com o interesse do pesquisador. Quando deseja pesquisar o surgimento de determinada cor ou modelo de penas em uma espécie de ave, por exemplo, o pesquisador define os parâmetros (estruturas ou moléculas) de comparação. Entre os parâmetros, podemos citar as características morfológicas e a composição bioquímica de moléculas, como as proteínas e os ácidos nucleicos (DNA nuclear ou DNA mitocondrial), para encontrar a espécie ancestral mais próxima da espécie a ser estudada.

A Figura 4.2 ilustra dois processos de evolução em aves: um por (a) anagênese e outro por (b) cladogênese. No primeiro caso (anagênese), ocorreram eventos que, ao longo do tempo, modificaram a espécie, levando ao surgimento de novas características, como mudança nas cores das penas e no formato do bico da ave. No segundo caso (cladogênese), observamos uma ruptura (um evento cladogenético) que levou ao surgimento de duas novas espécies distintas (processo de especiação). Um exemplo de evento cladogenético pode ser o surgimento de uma barreira física que impeça o contato entre as aves.

Figura 4.2 – Esquema mostrando (a) anagênese e (b) cladogênese

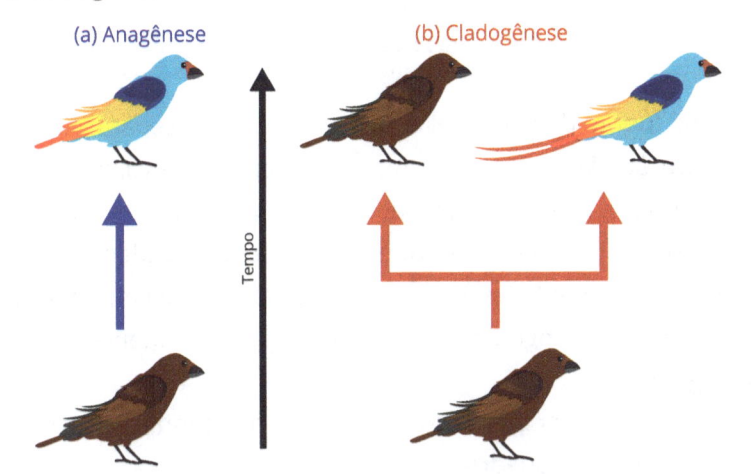

Observe, na Figura 4.3, os componentes para se montar um cladograma (diagrama de ramos) sobre uma história evolutiva hipotética. Trata-se de um recurso que demonstra, em sentido temporal, a posição das espécies. De modo geral, esse diagrama é construído com: população da espécie X (o ancestral), nós (cladogêneses) e ramos terminais (linhagens evolutivas ou táxon).

Figura 4.3 – Cladograma

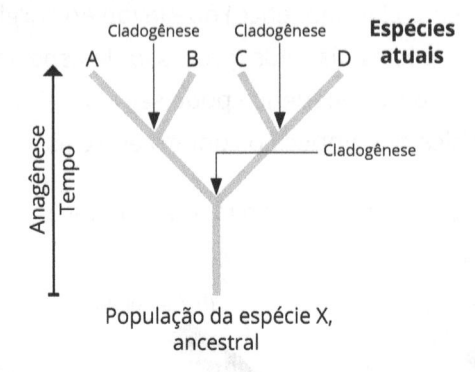

```
              Cladogênese   Cladogênese   Espécies
          A        B     C         D      atuais
     ↑
 Anagênese / Tempo
                              Cladogênese

          População da espécie X,
                ancestral
```

O nó (ponto do ancestral comum) é o local de separação (ramificação/cladogênese) de uma linhagem evolutiva, o qual gera duas novas espécies (especiação). O ancestral hipotético (raiz) está na base, ao passo que as espécies descendentes estão nas extremidades. O grupo ancestral acumula mudanças importantes ao longo de muito tempo e, posteriormente, sofre cladogênese.

Para interpretar um cladograma, é preciso conhecer os termos descritos no Quadro 4.1.

Quadro 4.1 – Termos para interpretar um cladograma

Matriz de dados	
Raiz	É a característica/linhagem mais ancestral.
Nó	É um ponto de ramificação no cladograma.
Topologia da árvore	É a ordem relativa dos ramos.
Grupos externos	São quaisquer linhagens que são externas à linhagem analisada. No grupo externo, não há nenhuma das características observáveis nas espécies que estão sendo classificadas.

(continua)

(Quadro 4.1 – conclusão)

Matriz de dados	
Princípio da parcimônia	Serve para construir árvores filogenéticas. Estabelece que, na ausência de outras evidências, deve-se sempre aceitar o cenário menos complexo.
Monofiléticos ou clados	Grupos que reúnem um único ancestral comum, cujos descendentes são chamados *grupos/táxons*.
Apomorfias	No cladograma, os táxons são avaliados com base em novidades evolutivas. Trata-se de um estado alterado que não estava presente na espécie ancestral.
Sinapomorfias	Características compartilhadas por mais de um táxon e por seu ancestral comum mais recente.
Plesiomorfias	Estados ancestrais ou primitivos mediante os quais os membros atuais de um clado evoluíram.
Parafilético	Grupo de espécies que compartilha um ancestral imediato, mas que não inclui todos os descendentes daquele ancestral.
Polaridade ou polarização	É a direção da mudança evolutiva.

Fonte: Elaborado com base em Pechenik, 2016.

O maior número de características testadas permite chegar à melhor hipótese evolutiva das linhagens. Então, além das estruturas morfológicas, utiliza-se biologia molecular com análise de ácido desoxirribonucleico (DNA), ácido ribonucleico (RNA) ou proteínas para fazer as comparações. Essa combinação aumenta as chances de se formular uma possível conclusão sobre a evolução da espécie em questão.

Atualmente, os avançados programas de computadores permitem variadas comparações na construção dos cladogramas. No futuro, podem ser descobertas novas estruturas, e o caminho da classificação da espécie pode mudar de direção. A geração de conhecimento é dinâmica e a distribuição dos organismos na classificação varia de acordo com as pesquisas.

Em 1969, Robert H. Whittaker (1924-1980) classificou os seres vivos em cinco reinos: Monera, Protista, Plantae, Fungi e Animalia (Figura 4.4). Esse sistema de classificação tem como base a maneira como os seres vivos obtêm alimento, o número de células que detêm e a organização celular.

Figura 4.4 – Classificação dos seres vivos proposta por Whittaker

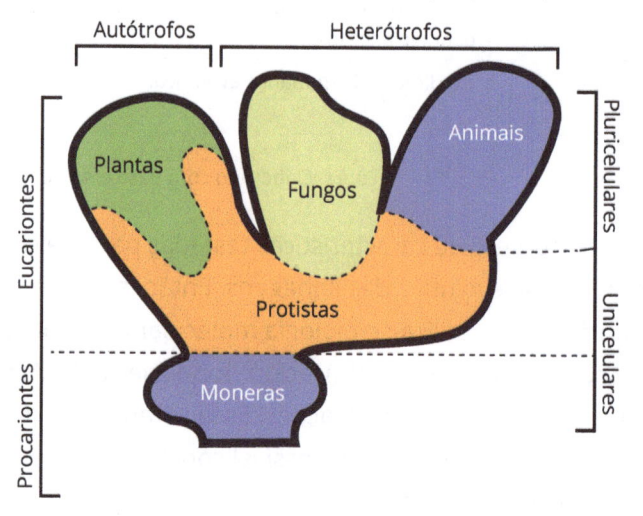

Fonte: Paraná, 2020.

Em 1990, o microbiologista Carl R. Woese (1928-2012) e seus colaboradores propuseram a separação dos seres vivos em uma categoria taxonômica com três grandes domínios: *Bacteria*, *Archaea* e *Eukarya*. A ferramenta filogenética usada teve como alicerce análises do RNAr (RNA ribossômico). A Figura 4.5 ilustra um cladograma, que mostra as relações filogenéticas entre os domínios *Bacteria*, *Archaea* e *Eukarya*.

Figura 4.5 – Sistema de classificação de Woese

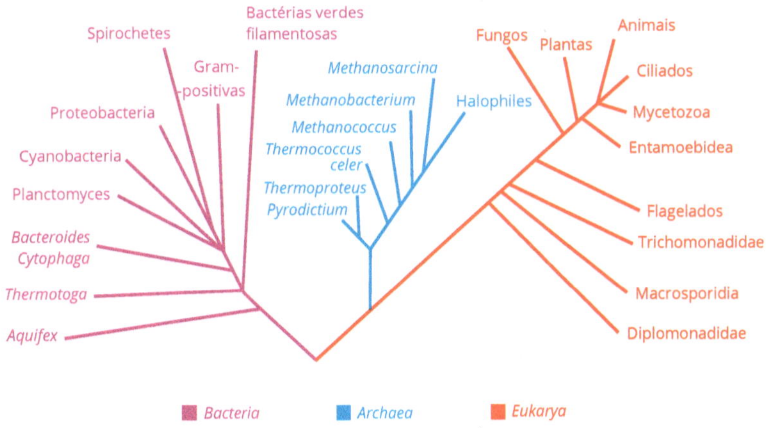

Fonte: USP, 2020.

Os modos de classificação dos seres vivos passam constantemente por adequações. Um exemplo é a proposta de Sandra de Baldauf e seus colaboradores (Baldauf et al., 2003), que formularam a árvore filogenética dos seres eucariontes.

A atual proposta para analisar as relações filogenéticas dos *Eukarya* leva em consideração dados moleculares. A classificação dos grandes grupos para esses seres vivos é a seguinte: Opistocontes, Amebozoários, Arqueplastida, Rizárias, Alveolados, Estramenópilas, Discicristados e Excavados (Baldauf et al., 2003). Confira essa classificação na Figura 4.6.

Figura 4.6 – Classificação dos *Eukarya* proposta por Baldauf et al. (2003)

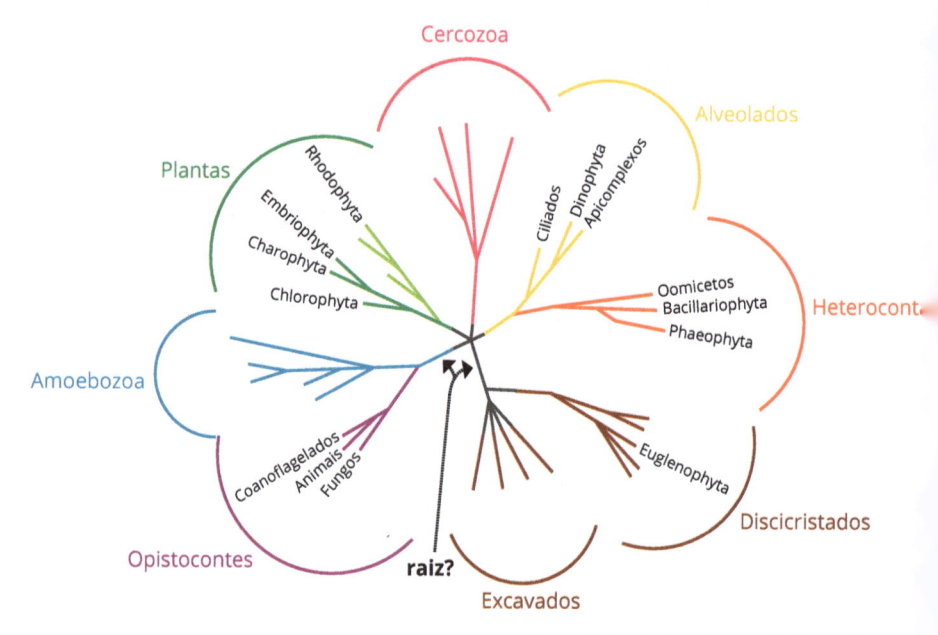

Fonte: Wanderley; Ayres, 2008, p. 19.

Como é possível perceber, as ideias de classificação dos seres vivos vão mudando ao longo do tempo em função de novas descobertas biotecnológicas, como as decorrentes dos estudos das moléculas.

Além de classificar os seres vivos, é necessário nomeá-los, conforme demonstraremos na sequência.

4.2 As bases da classificação biológica de Carl von Linné

As pessoas não se referem aos seres vivos pelos seus nomes científicos, não é mesmo? É possível perceber, aliás, que um mesmo organismo pode ser chamado por nomes diferentes. Por exemplo, em algumas regiões, a mandioca é conhecida como *macaxeira*, assim como a abóbora é conhecida também como *jerimum*. Além disso, há frutas que são endêmicas da Região Norte do Brasil (como o tucumã), as quais, muitas vezes, são pouco conhecidas pelos brasileiros de outras regiões. Porém, se um pesquisador de qualquer lugar do mundo precisar identificar exatamente qual é a espécie do tucumã, basta procurar pelo nome científico: *Astrocayum vulgare* (Matius) e *Astrocaryum aculeatum* (G. Mey). No caso do tucumã, são duas espécies diferentes com o mesmo nome popular.

Essa forma de nomear as espécies está fundamentada na classificação formulada por Carl von Linné. Seu sistema de classificação tem como objetivo sanar os equívocos referentes aos nomes dos organismos por meio da **nomenclatura binomial**.

A classificação biológica moderna ficou conhecida por meio da publicação do livro *Systema Naturae*, em 1735. Como mencionado anteriormente, Lineu era fixista e usava as características morfológicas para agrupar os organismos: as plantas eram definidas pela anatomia das flores e dos frutos, e os animais, pela organização do corpo.

🔴 Vitaminas essenciais

No sistema binomial, os nomes ou epítetos* científicos das espécies são escritos em duas partes:

1. **nome ou epíteto genérico**: termos provenientes do latim ou do grego latinizado ou, ainda, uma palavra vernácula latinizada;
2. **nome ou epíteto específico**: adjetivo proveniente do latim ou derivado.

Os seres humanos, por exemplo, são classificados como *Homo sapiens* (*homo* significa "humano"; *sapiens* significa "sábio"). O nome da espécie é escrito em itálico (em textos impressos) ou sublinhado. O nome genérico é escrito com a primeira letra maiúscula e o específico, com letra minúscula. É imprescindível que o nome da espécie seja escrito dessa maneira, independentemente do cientista ou do lugar do mundo. Isso sistematizou a forma de escrever os nomes das diversas espécies existentes em nosso planeta.

---

* *Epíteto* é um termo que denomina ou classifica pessoas, divindades, seres vivos ou objetos (Epíteto, 2020; Pough; Janis; Heiser, 2008).

Na primeira ocorrência do nome científico de uma espécie em um texto, ele deve ser grafado por extenso. Posteriormente, o nome genérico deve ser abreviado – por exemplo, *H. sapiens*. Ainda como regra da escrita dos nomes científicos, o epíteto genérico pode ser escrito sozinho, desde que seja seguido por uma abreviação – por exemplo, *Homo* sp. Por exemplo, "Fósseis de *Homo* spp. mostram que várias espécies coexistiram no planeta". Note que o registro spp. indica plural. Já o epíteto específico deve ser escrito sempre junto do genérico – não se deve escrever apenas *sapiens*. Confira alguns exemplos no Quadro 4.2.

Quadro 4.2 – Exemplos de nomes científicos de algumas espécies

Ouriço-do-mar	*Lytechinus variegatus* (Lamarck, 1816)
Lobo-guará	*Chrysocyon brachyurus* (Illiger, 1815)
Borboleta-monarca	*Danaus plexippus* (Carl von Linné, 1758)
Ostra	*Crassostrea gigas* (Thunberg, 1793)

Fonte: Elaborado com base em Naturdata, 2020.

Até chegar à categoria de espécie, existe uma hierarquia taxonômica, ou seja, ocorre a ordenação nos **táxons**. Observe a classificação de uma espécie de ouriço-do-mar, organismo exclusivamente marinho: *Lytechinus variegatus*.

Ouriço-do-mar-verde

Nível 7 – Reino: Animalia
Nível 6 – Filo: Echinodermata
Nível 5 – Classe: Echinoidea
Nível 4 – Ordem: Temnopleuroida
Nível 3 – Família: Toxopneustidae
Nível 2 – Gênero: *Lytechinus*
Nível 1 – Espécie: *Lytechinus variegatus*

Seu táxon mais básico é a espécie *Lytechinus variegatus* (nível 1), que está incluída no gênero *Lytechinus* (nível 2). Esse gênero está dentro da família Toxopneustidae (nível 3), que pertence à ordem Temnopleuroida (nível 4). A classe desses animais os define como Echinoidea (nível 5). O filo Echinodermata (nível 6) apresenta mais classes com espinhos na superfície do corpo, como as estrelas-do-mar. Acima de todas essas categorias está o Reino Animalia (nível 7), o qual indica que, assim como os demais organismos desse táxon, os ouriços-do-mar também são multicelulares e heterótrofos (Raven; Johnson, 2001).

Para compreender melhor essa classificação, confira na Figura 4.7, a seguir, um exemplo de classificação com base no sistema lineano que vai do geral (nível 7) para o específico (nível 1).

Figura 4.7 – Classificação biológica do cão (sistema lineano)

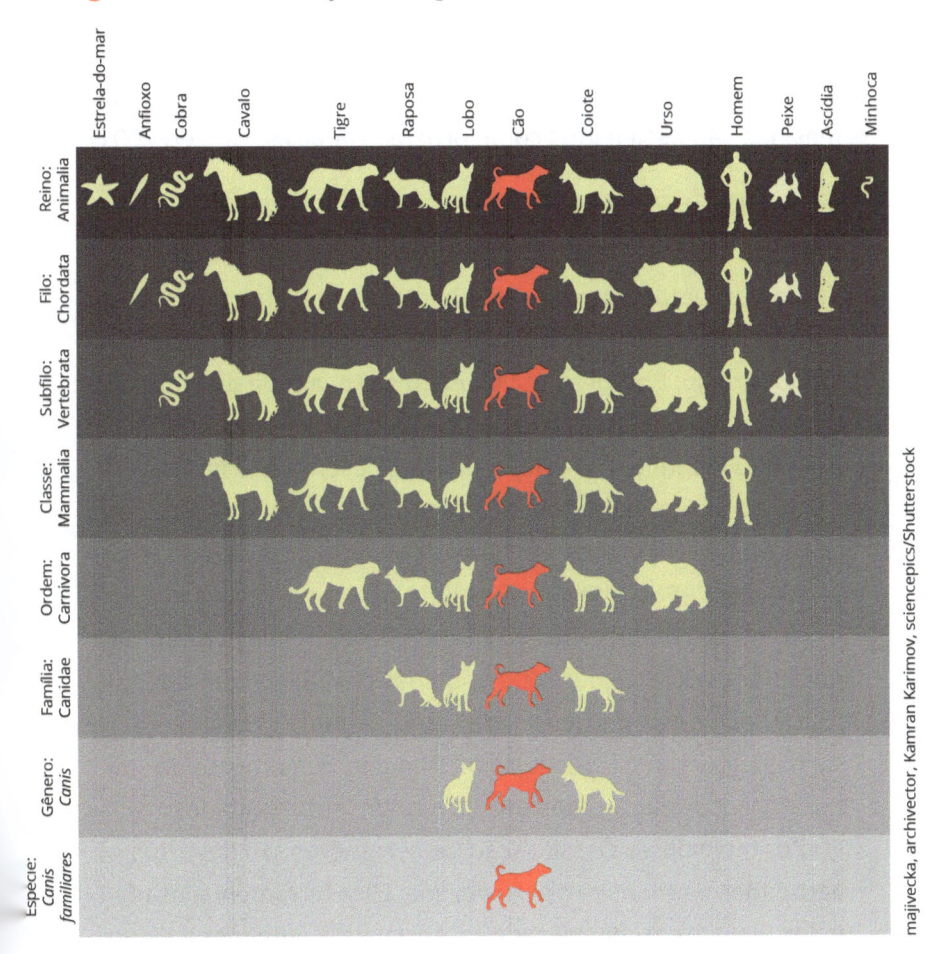

majivecka, archivector, Kamran Karimov, sciencepics/Shutterstock

Sinapse

Pesquisadores publicaram um conjunto de regras chamado *PhyloCode*, ou *Código Internacional de Nomenclatura Filogenética*, no qual redefinem a nomenclatura para os seres vivos. Ela está fundamentada nas relações de parentesco evolutivo dos organismos. Assim, os táxons estão incluídos em grupos nomeados, mas não são designados como ordens e famílias (Langer, 2001).

A importância da classificação biológica para as pesquisas científicas

Como já apontamos, para reconhecer o grande número de espécies, extintas ou atuais, surgiu a necessidade da classificação biológica (Araújo; Bossolan, 2006). Além disso, a cada dia, com o uso de novas metodologias e da biologia molecular, novos seres vivos são identificados e, logicamente, devem ser classificados.

"É importante ter em mente que todos os esquemas de classificação são, ao menos em parte, tentativas artificiais de impor uma ordem" (Pechenik, 2016, p. 8).

Ao obedecer aos critérios de classificação biológica, um pesquisador pode escrever seus trabalhos científicos com a segurança de que sua pesquisa será compreendida globalmente, ou seja, qualquer outro pesquisador, independentemente de sua nacionalidade, será capaz de interpretar seus resultados.

Por meio dessa classificação, os seres vivos são descritos e agrupados de maneira sistematizada. Essa ferramenta, usada pelos biólogos, é considerada essencial para entender a diversidade biológica. Essas relações envolvem as dinâmicas de sobrevivência, comportamentos reprodutivos, competição por refúgio e alimentos, sobrevivência dos adaptados diante das mudanças ambientais, entre outros fatores.

"Uma vez que os organismos são associados a categorias taxonômicas, torna-se possível considerar as relações evolutivas **entre** e **dentro** de cada categoria" (Pechenik, 2016, p. 8, grifo do original).

4.3 Coleções de espécies animais e vegetais

Durante o curso de graduação em Ciências Biológicas, o aluno é desafiado a pensar e questionar, além de ser capacitado para correlacionar os diversos eventos e conceitos identificados em determinado contexto. Essa formação permite também que ele seja pesquisador de muitos temas ou educador nas salas de aula. Para saber quais são as atividades profissionais e áreas de atuação do biólogo, podemos consultar o Conselho Federal de Biologia (CFBio), responsável pelas resoluções referentes a essa profissão. No art. 3º da Resolução n. 227, de 18 de agosto de 2010, por exemplo, está estabelecido que o biólogo pode ser também curador. Isso significa, então, que ele pode ser responsável por coleções de espécimes preservados inteiros ou constituídas apenas por partes deles (CFBio, 2010).

Essas coleções podem ser científicas, didáticas ou biológicas. Todas elas são usadas como fontes de estudo mais específicas, podendo servir como material de pesquisa, por exemplo, para teses de doutorado em diversas áreas de investigação.

Todo acervo é um desafio, pois exige tempo e dedicação para sua manutenção e preservação. Para isso, são necessários profissionais como curadores, pesquisadores, técnicos de laboratório e especialistas – por exemplo, taxidermistas (Zaher; Young, 2003). É válido ressaltar que uma coleção é a reunião de objetos correlatos, não o acúmulo desorganizado de objetos (Ingenito, 2014).

É imprescindível e urgente incentivar a formação de coleções biológicas didáticas nas instituições de ensino, visto que, ao se considerarem seus interesses, sua região e sua biodiversidade, elas, com certeza, aguçam a curiosidade e a criatividade.

A preservação de animais e de ecossistemas é o verdadeiro gatilho para a realização de pesquisas e inferências em educação ambiental. Dessa maneira, as coleções promovem a associação da teoria com materiais reais, compostos por diversas texturas, pesos, cores, entre outras características (Pinheiro; Scopel; Bordin, 2017).

Assim como as coleções animais, há também as coleções botânicas – os **herbários** –, que podem conter espécies vivas conservadas para estudos e pesquisas. Dependendo do local, as plantas podem estar preservadas integralmente, compondo o ecossistema (como em um jardim botânico), ou ter algumas de suas partes conservadas das mais variadas formas. As técnicas utilizadas podem ser, por exemplo, dessecação da madeira, das folhas e das flores para fazer as **exsicatas**, amostras de frutos e sementes conservadas em meio líquido ou seco. Também podem fazer parte do acervo as **lâminas histológicas** permanentes para a coleção de grãos de pólen e de tecidos vegetais (Fonseca; Vieira, 2015).

Após a decisão de montar uma coleção biológica didática, é necessário atentar para algumas informações legislativas sobre o assunto. Leia a seguir algumas instruções do Instituto Brasileiro do Meio Ambiente e dos Recursos Naturais Renováveis (Ibama).

Cadastro Nacional de Coleções Biológicas (CCBio)

INSTRUÇÃO NORMATIVA N. 160, DE 27 DE ABRIL DE 2007

Institui o Cadastro Nacional de Coleções Biológicas (CCBIO) e disciplinar o transporte e o intercâmbio de material biológico consignado às coleções.

[...]

Art. 2º As coleções biológicas serão registradas nas seguintes tipologias: científica, didática, de serviço, de segurança nacional e particular.

CAPÍTULO I
DAS DEFINIÇÕES

Art. 3º Considera-se para os fins desta instrução normativa:

[...]

I – coleção biológica didática: coleção de material biológico pertencente a instituições científicas, a escolas do ensino fundamental e médio, unidades de conservação, sociedades, associações ou às organizações da sociedade civil de interesse público, destinadas à exposição, demonstração, treinamento ou educação;

[...]

CAPÍTULO II:
DOS CADASTROS

Art. 4º Os registros de instituições e coleções no CCBIO serão administrados pelo Ibama por meio do Sistema de Autorização e Informação em Biodiversidade (Sisbio).

[...]
Art. 6º O registro da coleção didática deverá ser efetuado pelo seu responsável.

Parágrafo único. O registro deverá conter a identificação do responsável, a identificação da coleção, a indicação da sua localização, a relação dos principais grupos taxonômicos contemplados e a dimensão estimada do acervo.

Fonte: Ibama, 2007.

Qualquer pessoa pode acessar coleções de espécies animais e vegetais, pois muitas cidades mantêm seus museus. De acordo com a Lei n. 11.904, de 14 de janeiro de 2009, que instituiu o Estatuto de Museus,

> Art. 1º Consideram-se museus, para os efeitos desta Lei, as instituições sem fins lucrativos que conservam, investigam, comunicam, interpretam e expõem, para fins de preservação, estudo, pesquisa, educação, contemplação e turismo, conjuntos e coleções de valor histórico, artístico, científico, técnico ou de qualquer outra natureza cultural, abertas ao público, a serviço da sociedade e de seu desenvolvimento. (Brasil, 2009)

Os museus, tendo em vista suas coleções e exposições, são espaços de extrema importância, pois propiciam conhecimento das mais variadas ordens, como informações sobre a história da vida na Terra. Distribuídos pelo mundo, esses imensos locais reúnem exemplares raros que podem ser estudados. Entre as coleções, podemos citar como exemplo as de fósseis de animais e de plantas, as de exemplares de solo, as de insetos e de outros animais, as de biomas e ecossistemas, todas destinadas à visitação ou a pesquisas. Os museus de história natural, por exemplo, propiciam a educação e o conhecimento sobre as ciências naturais (Marandino, 2009).

O Museu Americano de História Natural, localizado em Nova Iorque, e o Museu de História Natural de Paris são exemplos de grandes museus e estão entre os mais visitados no mundo. Aqui no Brasil, por exemplo, o Museu Paraense Emílio Goeldi (MPEG), localizado em Belém, tem reconhecimento internacional e detém um acervo com muitas informações sobre a Amazônia.

Os zoológicos também são locais que mantêm exemplares vivos. Trata-se de um espaço destinado à reprodução e à manutenção de animais e plantas. Portanto, os zoológicos são centros de conservação, observação, educação e pesquisa sobre a fauna e a flora de determinado local (Zoológico de São Paulo, 2020).

A existência dos zoológicos se justifica pelas várias atividades humanas que interferem nos ecossistemas, destruindo os *habitats* de muitas espécies. A manutenção dos ecossistemas é tarefa difícil, pois, além da falta de fiscalização, há uma imensa quantidade de tipos de degradação, como os associados a garimpos, agricultura, pecuária, abertura de estradas, formação de cidades e despejo de esgoto não tratado em rios. Para muitas espécies, os zoológicos são locais para sobrevivência e reprodução, o que torna necessária a manutenção de populações em cativeiro, a fim de garantir a preservação de sua carga genética.

Síntese proteica

Neste capítulo, explicamos que os conhecimentos científicos permitem agrupar os seres vivos em três domínios e distribuí-los em cinco reinos. Essa classificação possibilita: entender como

esses organismos evoluíram; identificar suas características ancestrais e derivadas; e, ainda, associar esses organismos ao ambiente, informação imprescindível para compreendê-los.
Ao longo da história, cientistas vêm construindo e aprimorando métodos para entender a diversidade biológica.

Conforme demonstramos, o sistema de classificação binomial das espécies, elaborado por Linné, ainda é utilizado, sendo o princípio básico para entender e avaliar os organismos. Além disso, esclarecemos que áreas da biologia, como a sistemática e a taxonomia, classificam os seres vivos mediante categorias hierárquicas, os clados, o que permite verificar o parentesco evolutivo entre eles.

Prescrição

Visita virtual

MUSEU do Amanhã. Disponível em: <https://museudoamanha.org.br/pt-br>. Acesso em: 7 out. 2020.

Trata-se de um museu de ciências bastante diferente de um museu tradicional. Em seu ambiente, o Museu do Amanhã busca levar o visitante a questionar e refletir sobre as grandes mudanças pelas quais temos passado e sobre o mundo em que vivemos. A visitação virtual permite observações em 360°.

Testagem

1. Os equinodermos da espécie *Asterina stellifera* e o ouriço-do-mar da espécie *Echinometra lucunter* são animais exclusivamente marinhos. O primeiro pertence à classe Asteroidea e o segundo, à classe Echinoidea. De acordo com essas informações, é possível constatar que esses dois animais pertencem:

    A à mesma espécie.
    B à mesma classe.
    C ao mesmo gênero.
    D ao mesmo filo.
    E à mesma ordem.

2. O botânico Carl von Linné propôs um sistema biológico em que o nome de todo ser vivo é composto por duas palavras: a nomenclatura binomial. A eficiência desse sistema consiste em:

    A deduzir qual organismo terá mais chances de evoluir.
    B garantir a diversificação dos organismos em um ambiente degradado.
    C caracterizar a relação entre os organismos em uma comunidade.
    D planejar manejos da espécie para preservação dos biomas.
    E evitar confusões, pois os nomes populares variam e o nome científico de um organismo é um só nos diferentes idiomas.

3. Em 1950, um entomólogo alemão desenvolveu um método de classificação das espécies fundamentado exclusivamente na ancestralidade evolutiva. Seu nome era:

   A Charles Darwin.
   B Carl von Linné.
   C Willi Hennig.
   D Karl Friedrich.
   E Jean-Baptiste Lamarck.

4. O sistema para classificar os organismos em categorias taxonômicas é dividido em: reino, filo, classe, ordem, família, gênero e espécie. Assinale a alternativa que indica corretamente o táxon mais básico:

   A Gênero.
   B Espécie.
   C Filo.
   D Classe.
   E Reino.

5. As espécies preexistentes, ao longo do tempo, dão origem a novas espécies. Analise o cladograma a seguir e, em seguida, assinale a alternativa correta:

   Figura A – Cladograma

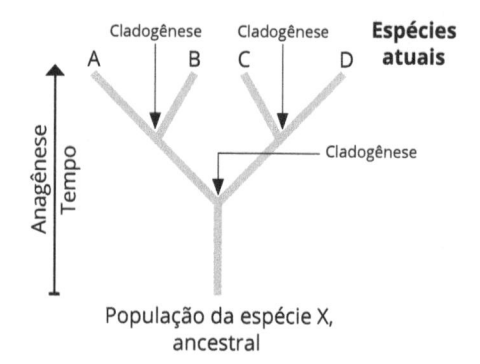

A O cladograma apresenta quatro nós.
B É possível reconhecer qual apomorfia surgiu na espécie C.
C As espécies A, B, C e D mostram simplesiomorfias com relação ao ancestral, população da espécie X.
D As espécies A e B resultam das evoluções das espécies C e D.
E As espécies A, B, C e D formam um grupo monofilético.

Laboratório

Análise biológica

1. Já foram propostas diversas maneiras de classificar os seres vivos. A escola filogenética (ou cladística) classifica os seres pelas suas relações de parentesco evolutivo. Qual é o nome da nova proposta de classificação, fundamentada na teoria da evolução de Charles Darwin?
2. O modelo de classificação biológica lineana considera as categorias taxonômicas. De acordo com esse modelo, como é a classificação para a espécie humana?

Experimentação

1. Visite um museu ou uma coleção biológica. Observe e anote o modo de exposição dos itens, analise o objetivo da coleção e identifique se ocorre ensino-aprendizagem no lugar visitado. Descreva o que você faria de diferente.

CONSIDERAÇÕES FINAIS

Como afirmamos na "Apresentação", nesta obra, direcionada àqueles interessados em estudar biologia, nossa pretensão foi evidenciar a importância de todas as formas de vida existentes no planeta Terra conhecidas até o momento. O primeiro passo para buscar atingir esse intuito foi explicar que todos os seres vivos são constituídos pelas mesmas substâncias.

Para desvendar as características que definem e explicam tantas formas de vida, a curiosidade e a determinação de muitos estudiosos foram essenciais ao longo da história. Afinal, o desenvolvimento da ciência (e da biologia) foi efetivado por meio de milhares de pesquisas e avanços tecnológicos.

No Capítulo 1, apresentamos a origem dos seres vivos e sua evolução como um processo contínuo e permanente. Esclarecemos que os níveis hierárquicos de organização e de complementação compõem a base para os estudos da biologia, bem como explicamos de que maneira as diversas áreas de estudo e sua inter-relação auxiliam na compreensão mais fiel da vida, de seus processos e da relação de codependência existente entre os diferentes organismos vivos. Para tornar mais claras todas essas relações que se estabelecem entre os seres vivos, também tratamos de algumas teorias que buscam explicar a origem da vida, do Universo e dos primeiros seres. Indicamos, ainda, de que maneira os primeiros (e os atuais) seres obtiveram a energia necessária para manter a vida.

No Capítulo 2, apresentamos como eixo temático a célula, a menor unidade estrutural e funcional dos seres vivos.

Explicamos as características e as funções das biomoléculas, bem como as interações entre DNA, RNA, proteínas e sua biossíntese, além da regulação dessas interações. Conforme foi possível evidenciar, evoluímos muito desde os primeiros micro-organismos. Por fim, descrevemos como funcionam a respiração celular, a fermentação e a fotossíntese.

Em seguida, no Capítulo 3, abordamos as diferenças entre as células e nos aprofundamos em sua estrutura geral e em seus componentes: membrana plasmática, citoplasma e núcleo. No estudo dessas particularidades, tratamos, genericamente, do vírus, micro-organismo que divide opiniões – alguns o consideram um ser vivo; outros o caracterizam como um ser não vivo. Além disso, apresentamos um pouco da história de um dos instrumentos essenciais para a biologia: o microscópio. Explicamos como ele foi criado e todos os avanços pelos quais passou até chegarmos ao microscópico eletrônico.

Finalmente, no Capítulo 4, voltamos nossa atenção para os reinos e domínios dos seres vivos para esclarecer como são classificados. Demonstramos as bases da classificação biológica de Lineu e como identificar o significado dos termos que compõem o nome científico de cada ser vivo.

Desejamos que essa obra o ajude, leitor, a compreender e valorizar a ciência e a vida, tendo em vista suas possibilidades infinitas. Esperamos também que os conteúdos desenvolvidos despertem seu interesse por temas científicos e, quem sabe, o incentivem a se aventurar pelos caminhos da construção do conhecimento.

LISTA DE SIGLAS E FÓRMULAS

ADP: Difosfato de adenosina
ATP: Trifosfato de adenosina (ou adenosina trifosfato)
CH_2O: Carbono hidratado
Cl^-: Íons cloreto
CO_2: Dióxido de carbono (ou gás carbônico)
CoA: Coenzima A
COO-: Grupo carboxila
DNA: Ácido desoxirribonucleico
FAD: Flavina adenina dinucleotídeo
FSH: Hormônio folículo-estimulante
H^+: Íons hidrogênio
H^+ ATPase: Bomba de prótons
H_2O_2: Peróxido de hidrogênio
HDL: *Low Density Lipoproteins* (Lipoproteínas de baixa densidade)
K^+: Íons potássio
LDL: *High Density Lipoproteins* (Lipoproteínas de alta densidade)
LH: Hormônio luteinizante
MET: Microscopia eletrônica de transmissão
N_2O: Óxido nitroso
Na^+: Íons sódio
Na^+/K^+ ATPase: Bomba de sódio/potássio
NAD: Nicotinamida adenina dinucleotídeo
NO_3^-: Íons nitrato
O_2: Oxigênio

PAS: *Periodic Acid-Schiff*
REL: Retículo endoplasmático liso
RER: Retículo endoplasmático rugoso
RNA: Ácido ribonucleico
RNAm: RNA mensageiro
RNAr: RNA ribossômico
RNAt: RNA transportador
SO_4^{2-}: Íons sulfato

REFERÊNCIAS

A EVOLUÇÃO na Terra em 24 horas. **Tecmundo**, 2 jan. 2012. Disponível em: <https://www.tecmundo.com.br/curiosidade/17160-a-evolucao-na-terra-em-24-horas.htm>. Acesso em: 7 out. 2020.

AIRES, M. M. **Fisiologia**. 2. ed. Rio de Janeiro: Guanabara Koogan, 1999.

ALBERTS, B. et al. **Biologia molecular da célula**. 5. ed. Porto Alegre: Artmed, 2010.

AMABIS, J. M.; MARTHO, G. R. **Biologia em contexto**. São Paulo: Moderna, 2013.

AMABIS, J. M.; MARTHO, G. R. **Biologia das populações 3**. 4. ed. São Paulo: Moderna, 2015.

ARAGUAIA, M. Áreas de estudo da biologia. **Brasil Escola**. Disponível em: <https://brasilescola.uol.com.br/biologia/areas-estudo-biologia.htm>. Acesso em: 7 out. 2020.

ARAÚJO, A. P. U. de; BOSSOLAN, N. R. S. **Noções de taxonomia e classificação**: introdução à zoologia. São Carlos: Instituto de Física de São Carlos, 2006. Apostila. Disponível em: <http://biologia.ifsc.usp.br/bio2/apostila/bio2_apostila_zoo_01.pdf>. Acesso em: 7 out. 2020.

BALDAUF, S. L. et al. The Deep Roots of Eukaryotes. **Science**, v. 300, p. 1703-1706, 13 June 2003. Disponível em: <https://ebme.marine.rutgers.edu/HistoryEarthSystems/HistEarthSystems_Fall2008/Week7b/Baldauf_et_al_Science_2003.pdf>. Acesso em: 7 out. 2020.

BORON, W. F.; BOULPAEP, E. L. **Medical Physiology**: a Cellular and Molecular Approach. 2. ed. Philadelphia: Saunders, 2012.

BRASIL. Lei n. 5.197, de 3 de janeiro de 1967. **Diário Oficial da União**, Poder Executivo, Brasília, DF, 5 jan. 1967. Disponível em: <http://www.planalto.gov.br/ccivil_03/leis/L5197compilado.htm>. Acesso em: 7 out. 2020.

BRASIL. Lei n. 11.904, de 14 de janeiro de 2009. **Diário Oficial da União**, Poder Legislativo, Brasília, DF, 15 jan. 2009. Disponível em: <http://www.planalto.gov.br/ccivil_03/_Ato2007-2010/2009/Lei/L11904.htm>. Acesso em: 7 out. 2020.

BRASIL. Ministério da Saúde. **Saúde de A a Z**. Disponível em: <http://www.saude.gov.br/saude-de-a-z/>. Acesso em: 7 out. 2020.

BRASIL. Ministério do Meio Ambiente. Consultoria Jurídica. **Legislação ambiental básica**. Brasília: Ministério do Meio Ambiente; Unesco, 2008. Disponível em: <https://www.mma.gov.br/estruturas/secex_conjur/_arquivos/108_12082008084425.pdf>. Acesso em: 7 out. 2020.

CAMPBELL, N. A.; REECE, J. B. **Biology**. 7. ed. San Francisco: Pearson, 2005.

CAMPBELL, N. A. et al. **Biologia**. 8. ed. Porto Alegre: Artmed, 2010.

CFBIO – Conselho Federal de Biologia. Resolução n. 227, de 18 de agosto de 2010. **Diário Oficial da União**, Brasília, DF, 19 ago. 2010. Disponível em: <https://www.legisweb.com.br/legislacao/?id=113094>. Acesso em: 7 out. 2020.

DE MITO à ciência: os fatos da teoria Gaia em livro lançado no IEA. **USP**, 30 nov. 2012. Disponível em: <https://www5.usp.br/19831/de-mito-a-ciencia-os-fatos-da-teoria-gaia-em-livro-lancado-no-iea/>. Acesso em: 7 out. 2020.

EPÍTETO. In: **Dicionário online de português.** Disponível em: <https://www.dicio.com.br/epiteto/>. Acesso em: 7 out. 2020.

FONSECA, R. S.; VIEIRA, M. F. **Coleções botânicas com enfoque em herbário.** Viçosa: Ed. da UFV, 2015. (Conhecimento, n. 29).

FONTES, C. Aristóteles. **Navegando na filosofia.** Disponível em: <http://www.filorbis.pt/filosofia/Aristoteles.htm#:~:text=Biologia%3A%20recusando%20a%20separa%C3%A7%C3%A3o%20das,foram%20preenchidos%20com%20esta%20tarefa>. Acesso em: 7 out. 2020.

FRANCELIN, M. M. A epistemologia da complexidade e a ciência da informação. **Ciência da Informação**, Brasília, v. 32, n. 2, p. 64-68, maio/ago. 2003. Disponível em: <https://www.scielo.br/pdf/ci/v32n2/17034.pdf>. Acesso em: 7 out. 2020.

GARCIA, S. M.; FERNÁNDEZ, C. G. **Embriologia.** 3. ed. Porto Alegre: Artmed, 2012.

GLEISER, M. Apresentação. In: DARWIN, C. **Entendendo Darwin:** autobiografia de Charles Darwin. São Paulo: Planeta, 2009. p. 11-17.

HART-DAVIS, A. et al. **O livro da ciência.** São Paulo: Globo, 2014.

HERRMANN, P. S. P. et al. Microscopia de varredura por força: uma ferramenta poderosa no estudo de polímeros. **Polímeros: Ciência e Tecnologia**, São Carlos, v. 7, n. 4, out./dez. 1997. Disponível em: <https://www.scielo.br/pdf/po/v7n4/8878.pdf>. Acesso em: 7 out. 2020.

IBAMA – Instituto Brasileiro do Meio Ambiente e dos Recursos Naturais Renováveis. Instrução Normativa n. 160, de 27 de abril de 2007. **Diário Oficial da União**, Brasília, DF, 30 abr. 2007. Disponível em: <https://www.diariodasleis.com.br/legislacao/federal/131943-cadastro-nacional-de-colecoes-biologicas-ccbio>. Acesso em: 7 out. 2020.

INGENITO, L. F. S. Minicurso: Curadoria de Coleções Zoológicas. In: SIMPÓSIO SOBRE A BIODIVERSIDADE DA MATA ATLÂNTICA, 3., 2014, Vitória. **Anais...** Sambio, 2014. p. 57-68. Disponível em: <http://www.sambio.org.br/simbioma/simbioma%20iii/04.pdf>. Acesso em: 7 out. 2020.

JUNQUEIRA, L. C.; CARNEIRO, J. **Biologia celular e molecular**. 5. ed. Rio de Janeiro: Guanabara Koogan, 1991.

JUNQUEIRA, L. C.; CARNEIRO, J. **Histologia básica**: texto e atlas. 10. ed. Rio de Janeiro: Guanabara Koogan, 2004.

KHAN ACADEMY. **Células procarióticas**. Disponível em: <https://pt.khanacademy.org/science/biology/structure-of-a-cell/prokaryotic-and-eukaryotic-cells/a/prokaryotic-cells>. Acesso em: 7 out. 2020.

KÜHNEL, W. **Citologia, histologia e anatomia microscópica**: texto e atlas. 11. ed. Porto Alegre: Artmed, 2005.

LANGER, M. C. Linnaeus and the PhyloCode: Where are the Differences? **Taxon**, v. 50, p. 1091-1096, Nov. 2001. Disponível em: <https://onlinelibrary.wiley.com/doi/10.2307/1224724>. Acesso em: 7 out. 2020.

LEÃO, T. C. C. et al. **Espécies exóticas invasoras no Nordeste do Brasil**: contextualização, manejo e políticas públicas. Recife: Centro de Pesquisas Ambientais do Nordeste (Cepan); Instituto Hórus de Desenvolvimento e Conservação Ambiental, 2011. Disponível em: <http://lerf.eco.br/img/publicacoes/2011_12%20Especies%20Exoticas%20Invasoras%20no%20Nordeste%20do%20Brasil.pdf>. Acesso em: 7 out. 2020.

LODISH, H. et al. **Biologia celular e molecular**. 7. ed. Porto Alegre: Artmed, 2014.

LOPES, S. G. B. C.; HO, F. F. C. **Panorama histórico da classificação dos seres vivos e os grandes grupos dentro da proposta atual de classificação**. São Paulo: USP/Univesp. Disponível em: <edisciplinas.usp.br/pluginfile.php/979161/mod_resource/content/1/Bio_Filogenia_top01.pdf>. Acesso em: 7 out. 2020.

LOPES, S.; ROSSO, S. **Bio**. 3. ed. São Paulo: Saraiva, 2013.

MACHADO, E. B.; SOUSA, N. J.; MOSCARDI, F. Eficiência em campo de diferentes concentrações de Condylorrhiza vestigiais multiple nucleopolyhedrovirus no controle de Condylorrhiza vestigiais. **Floresta**, Curitiba, v. 47, n. 2, p. 207-212, abr./jun. 2017. Disponível em: <https://revistas.ufpr.br/floresta/article/view/41878/32796>. Acesso em: 7 out. 2020.

MARANDINO, M. Museus de ciências, coleções e educação: relações necessárias. **Museologia e Patrimônio**, v. 2, n. 2, p. 1-12, jul./dez. 2009. Disponível em: <http://www.geenf.fe.usp.br/v2/wp-content/uploads/2012/10/museologia_marandino2009.pdf>. Acesso em: 7 out. 2020.

McCLENDON, J. H. The Origin of Life. **Earth-Science Reviews**, v. 47, p. 71-93, 1999.

MOORE, J. A. Science as a Way of Knowing: Genetics. **American Zoologist**, California, v. 26, p. 583-747, 1986.

MOTA, P. H. Constantinopla: história da cidade e como ela foi importante. **Conhecimento Científico**, 11 fev. 2020. Disponível em: <https://conhecimentocientifico.r7.com/constantinopla/>. Acesso em: 7 out. 2020.

NATURDATA – BIODIVERSIDADE ONLINE. Disponível em: <https://naturdata.com/>. Acesso em: 7 out. 2020.

NEVES, B. R. A.; VILELA, J. M. C.; ANDRADE, M. S. Microscopia de varredura por sonda mecânica: uma introdução. **Cerâmica**, São Paulo, v. 44, n. 290, nov./dez. 1998. Disponível em: <https://www.scielo.br/scielo.php?pid=S0366-69131998 000600002&script=sci_arttext&tlng=pt>. Acesso em: 7 out. 2020.

OLIVEIRA, D. R. A. de. Cientistas desenvolvem nova teoria da evolução molecular. **Universo Racionalista**, 3 nov. 2017. Disponível em: <https://universoracionalista.org/cientistas-desenvolvem-nova-teoria-da-evolucao-molecular>. Acesso em: 7 out. 2020.

PARANÁ. Secretaria da Educação. **Sistema de classificação**. Disponível em: <http://www.biologia.seed.pr.gov.br/modules/galeria/detalhe.php?foto=700&evento=4>. Acesso em: 7 out. 2020.

PECHENIK, J. A. **Biologia dos invertebrados**. 7. ed. Porto Alegre: AMGH, 2016.

PENA, R. F. A. Plutão. **Brasil Escola**. Disponível em: <https://brasilescola.uol.com.br/geografia/plutao-rebaixado.htm>. Acesso em: 7 out. 2020.

PEZZI, A. C.; GOWDAK, D.; MATTOS, N. **Biologia**. São Paulo: FTD, 2010.

PINHEIRO, M. S.; SCOPEL, J. M.; BORDIN, J. Confecção de uma coleção didática para o ensino de zoologia: conhecer para preservar o litoral norte do Rio Grande do Sul. **Scientia Cum Industria**, v. 5, n. 3, p. 156-160, 2017. Disponível em: <http://www.ucs.br/etc/revistas/index.php/scientiacumindustria/article/view/5848>. Acesso em: 7 out. 2020.

PORTO, C. M. A física de Aristóteles: uma construção ingênua? **Revista Brasileira de Ensino de Física**, v. 31, n. 4, p. 1-8, 2009. Disponível em: <https://www.scielo.br/pdf/rbef/v31n4/v31n4a19.pdf>. Acesso em: 7 out. 2020.

POUGH, F. H.; JANIS, C. M.; HEISER, J. B. **A vida dos vertebrados**. 4. ed. São Paulo: Atheneu, 2008.

PURVES, W. K. et al. **Vida**: a ciência da biologia. 6. ed. Porto Alegre: Artmed, 2007.

QUECINE, M. C. **Introdução à célula e mecanismos comuns à vida**. Disponível em: <https://edisciplinas.usp.br/pluginfile.php/4267708/mod_resource/content/1/Aula%201%20-%20Introdu%C3%A7%C3%A3o%20a%20Biologia%20Celular.pdf>. Acesso em: 7 out. 2020.

RAVEN, P. H.; JOHNSON, G. B. **Biology**. 6. ed. New York: McGraw-Hill, 2001.

REECE, J. B. et al. **Biologia de Campbell**. 10. ed. Porto Alegre: Artmed, 2015.

REYNOLDS, E. S. The Use of Lead Citrate at High pH as an Electron-Opaque Stain in Electron Microscopy. **The Journal of Cell Biology**, v. 17, p. 208-212, 1963. Disponível em: <https://rupress.org/jcb/article-standard/17/1/208/1220/THE-USE-OF-LEAD-CITRATE-AT-HIGH-pH-AS-AN-ELECTRON>. Acesso em: 7 out. 2020.

RIBEIRO, A. de F. **Biologia celular**. Curso RedeFor de Especialização em Biologia para professores de Biologia. Módulo I. Disponível em: <https://edisciplinas.usp.br/course/view.php?id=66138&section=0>. Acesso em: 7 out. 2020.

ROBERTS, K.; WALTER, P. **Fundamentos da biologia celular**. 3. ed. Porto Alegre: Artmed, 2011.

ROCHA, P. K. L. **Qual região do DNA mitocondrial reflete a história evolutiva da ordem Lepidoptera?** Edição do autor. Recife: [s.n.], 2013.

SANT'ANNA, V. B. **Filogenia dos peixes-agulha da família Belonidae (Atherinomorphae: Beloniformes)**. 268 f. Tese (Doutorado em Ecologia e Evolução da Biodiversidade) – Pontifícia Universidade Católica do Rio Grande do Sul, Porto Alegre, 2011. Disponível em: < http://tede2.pucrs.br/tede2/handle/tede/213>. Acesso em: 7 out. 2020.

SANTOS, D. M. M. dos. **A teoria endossimbiótica**. 2007. Disponível em: <https://studylibpt.com/doc/3349882/a-teoria-endossimbi%C3%B3tica-2007>. Acesso em: 16 set. 2020.

SANTOS, I. A. **Ultra-estrutura de epitélios do ouriço-do-mar** *Echinometra lucunter* **(Equinodermata: Echinoidea) em diferentes salinidades**: evidência morfológica de regulação iônica e/ou excretora? Dissertação (Mestrado em Biologia Celular e Molecular) – Universidade Federal do Paraná, Curitiba, 2003.

STANFIELD, C. L. **Fisiologia humana**. 5. ed. São Paulo: Pearson, 2014.

STEPHENS, P. R. S. et al. Virologia. In: MOLINARO, E. M.; CAPUTO, L. F. G.; AMENDOEIRA, M. R. R. (Org.). **Conceitos e métodos para a formação de profissionais em laboratórios de saúde**. Rio de Janeiro: EPSJV, 2009. v. 4. p. 125-220. Disponível em: <https://www.arca.fiocruz.br/handle/icict/13725>. Acesso em: 7 out. 2020.

SUGUIO, K. **Mudanças ambientais da Terra**. São Paulo: Instituto Geológico, 2008. Disponível em: <https://smastr16. blob.core.windows.net/igeo/2019/05/mudancas_climaticas_ suguio_2008.pdf>. Acesso em: 7 out. 2020.

TEIXEIRA, W. et al. **Decifrando a Terra**. São Paulo: Oficina de Textos, 2001.

TORTORA, G. J.; FUNKE, B. R.; CASE, C. L. **Microbiologia**. 10. ed. Porto Alegre: Artmed, 2012.

USP – E-DISCIPLINAS. **Ensino de Biologia**: Zoologia – Tópico 1: Miscelânea de animais. Apostila digital. Disponível em: <https://edisciplinas.usp.br/mod/book/view.php?id=2434426>. Acesso em: 7 out. 2020.

VANPUTTE, C. L.; REGAN, J. L.; RUSSO, A. F. **Anatomia e fisiologia de Seeley**. 10. ed. Porto Alegre: AMGH, 2016.

WANDERLEY, A.; AYRES L. M. Reconhecimento dos grandes grupos de plantas. In: SANTOS, D.Y .A .C.; CHOW, F.; FURLAN, C. M. (Org.). **A botânica no cotidiano**. São Paulo: Instituto de Biociências da Universidade de São Paulo, 2008. p. 19-24. (Projeto de Cultura e Extensão). Disponível em: <http://felix. ib.usp.br/Botanica_Cotidiano.pdf>. Acesso em: 7 out. 2020.

YAZBEK, L. 5 curiosidades sobre a Via Láctea. **AH – Aventuras na História**, 3 set. 2020. Disponível em: <https://aventurasna historia.uol.com.br/noticias/almanaque/5-curiosidades-sobre-a-via-lactea.phtml>. Acesso em: 2 out. 2020.

ZAHER, H.; YOUNG, P. S. As coleções zoológicas brasileiras: panorama e desafios. **Ciência e Cultura**, São Paulo, v. 55, n. 3, p. 24-26, jul./set. 2003. Disponível em: <http://cienciaecultura. bvs.br/scielo.php?script=sci_arttext&pid=S0009-6725200300 0300017&lng=en&nrm=iso>. Acesso em: 7 out. 2020.

ZAIA, D. A. M.; ZAIA, C. T. B. V. Algumas controvérsias sobre a origem da vida. **Química Nova**, São Paulo, v. 31, n. 6, p. 1599-1602, 2008. Disponível em: <https://www.scielo.br/scielo.php?script=sci_arttext&pid=S0100-40422008000600054>. Acesso em: 7 out. 2020.

ZOOLÓGICO DE SÃO PAULO. Disponível em: <http://www.zoologico.com.br>. Acesso em: 7 out. 2020.

BIBLIOGRAFIA COMENTADA

CAMPBELL, N. A. et al. **Biologia**. 8. ed. Porto Alegre: Artmed, 2010.

Essa obra pode ser considerada a principal referência da área de biologia no mundo. Os capítulos foram organizados em torno de alguns conceitos-chave para fornecer um contexto para as informações de apoio. Com pesquisas atuais, a obra conta com muitas figuras e apresenta metodologias aplicadas a diversos estudos, principalmente a experimentos que utilizam técnicas de biologia molecular. Os diversos materiais de apoio são excelentes para preparar aulas. É válido ressaltar que 228 biólogos forneceram revisões detalhadas de um ou mais capítulos, ajudando a garantir a precisão científica do livro e sua eficácia pedagógica.

DARWIN, C. **Entendendo Darwin**: a autobiografia de Charles Darwin. São Paulo: Planeta do Brasil, 2009.

Publicado no bicentenário de seu nascimento e no sesquicentenário da edição original de *A origem das espécies*, esse livro celebra o melhor de Charles Darwin: sua impetuosidade e coragem intelectual; sua imensa paciência e dedicação à pesquisa; e seu cuidado metodológico. Trata-se de uma obra sobre o homem que transformou a biologia, dando-lhe um caráter explanatório e científico que a distanciou permanentemente da religião. A riqueza de informações desse relato transporta qualquer um para uma aventura real e encantadora do espírito de um verdadeiro pesquisador em uma época em que os recursos eram praticamente inexistentes.

PECHENIK, J. A. **Biologia dos invertebrados**. 7. ed. Porto Alegre: AMGH, 2016.
Esse livro serve de fundamento para a aprendizagem em aula, laboratório, campo e biblioteca. Sugerimos especialmente a leitura do Capítulo 2, que, embora trate das relações e da classificação dos invertebrados, possibilita a aplicação dessas informações às relações evolutivas de outros seres vivos. No final de cada capítulo, há tópicos para posterior discussão e investigação, os quais destacam as principais questões de pesquisa dedicadas aos animais abordados.

TEIXEIRA, W. et al. **Decifrando a Terra**. São Paulo: Oficina de Textos, 2001.
Esse livro aborda, de forma acessível e didática, o conhecimento científico e tecnológico referente ao ensino das ciências geológicas em diversos cursos universitários. O conteúdo está organizado em quatro unidades temáticas, com uma sequência lógica entre os temas. Além de fornecer análises que vão do nível global ao nível local, a obra conta com bons exemplos. Tem como objetivo esclarecer o papel do ser humano e suas relações com o planeta (e seus geossistemas), tendo em vista sua atuação como agente transformador da superfície terrestre.

VANPUTTE, C. L.; REGAN, J. L.; RUSSO, A. F. **Anatomia e fisiologia de Seeley**. 10. ed. Porto Alegre: Artmed, 2016.
Essa obra acompanha a tendência atual de ensino integrado das ciências básicas da saúde, facilitando a aprendizagem e proporcionando uma visão multidisciplinar. Além disso, enfatiza

o pensamento crítico e apresenta estudos de caso. O Capítulo 2 trata das bases químicas da vida, desde conceitos básicos até a organização e o funcionamento das biomoléculas. Na sequência, são abordados temas de biologia celular, com descrições claras e ilustrações excepcionais. Ao final de cada capítulo, você pode selecionar pontos de parada para avaliar seu progresso no aprendizado.

RESPOSTAS

CAPÍTULO 1

Testagem

1. d
2. d
3. c
4. c
5. d

Laboratório

Análise biológica

1. Pelo fato de atribuir dois epítetos para denominar cada espécie, o sistema criado por Lineu, utilizado até hoje, ficou conhecido como *nomenclatura binomial*.
2. Regras bem-estabelecidas e aceitas por todos facilitam a comunicação entre cientistas e leigos. Os nomes populares variam de acordo com cada idioma e, até mesmo, em diferentes regiões de um mesmo país, ao passo que o nome científico é um só em qualquer lugar do mundo, o que evita confusões.

CAPÍTULO 2

Testagem

1. c
2. a
3. d
4. b
5. a

Laboratório

Análise biológica

1. A aplicação em larga escala de processos fermentativos ganha cada vez mais destaque em decorrência do desenvolvimento econômico e do aumento da demanda de energia e de insumos químicos. Atualmente, produtos como vinho de uva, vinho de arroz (saquê), cerveja, pão, leite, iogurte, coalhada e manteiga fazem parte do consumo diário da maioria das populações e, consequentemente, mantêm o desenvolvimento das grandes indústrias.
2. Na respiração aeróbia, o aceptor final é o oxigênio molecular (O_2); já na respiração anaeróbia, o aceptor final é uma substância diferente.

Experimentação

1. Resposta esperada: A fermentação libera CO_2, que faz a massa crescer, e álcool etílico, que evapora por causa do calor. O fermento biológico é vivo (trata-se de um fungo) e, se for colocado no forno muito quente, suas células podem morrer. Por isso, o processo de fermentação deve ocorrer antes de a massa ir ao forno.

CAPÍTULO 3

Testagem

1. b
2. e
3. c
4. b
5. b

Laboratório
Análise biológica

1. Os micro-organismos podem afetar nossa vida, por exemplo, nos processos industriais, como na produção de alimentos e vestuário.

2. As patologias podem estar relacionadas a organelas, como no caso das patologias lisossômicas, que causam a doença de Tay-Sachs. O acúmulo de proteína príon nos lisossomos dos neurônios leva progressivamente à morte.

CAPÍTULO 4
Testagem

1. a
2. e
3. c
4. b
5. e

Laboratório
Análise biológica

1. *PhyloCode*.

2. Reino – Animalia; filo – Chordata; subfilo – Vertebrata; classe – Mammalia; ordem – Primata; subordem – Anthropoidea; superfamília – Hominoidea; família – Hominidae; gênero – *Homo*; espécie – *Homo sapiens*.

SOBRE AS AUTORAS

Ivonete Aparecida dos Santos é doutora e mestra em Biologia Celular e Molecular pela Universidade Federal do Paraná (UFPR) e graduada em Ciências Biológicas, com licenciatura plena em Biologia, pelas Faculdades Integradas Espírita. Atuou como docente nas Faculdades Integradas Espírita, nas Faculdades Santa Cruz e em cursos de EaD do Instituto Federal do Paraná (IFPR). Atualmente, é professora de ensino médio do Sistema Federação das Indústrias do Estado do Paraná (Fiep).

Narali Marques da Silva é mestra em Geologia Ambiental (com ênfase em Hidrogeoquímica) pela Universidade Federal do Paraná (UFPR), especialista em Magistério Superior pela Universidade Tuiuti do Paraná e MBA em Gestão, Educação e Planejamento Ambiental pela ABC in Company, em parceria com as Faculdades SPEI. É graduada em Biologia (licenciatura plena) pelas Faculdades Integradas Espírita e em Ciências Biológicas (licenciatura curta) pela UFPR. Trabalhou na equipe de Gerência de Educação Ambiental da Secretaria Municipal do Meio Ambiente de Curitiba e na Coordenação de Educação Ambiental do Ensino Fundamental da Secretaria de Educação de Curitiba. Atualmente, é docente do ensino fundamental. Tem experiência na área de geociências, com ênfase em geologia.

Impressão:
Novembro/2020